LA SÉPTIMA LLAVE

Rafael López Alonso

LA SÉPTIMA LLAVE

Ediciones Corona Borealis

La Séptima Llave

Pasaje Esperanto, 1
29007 - Málaga
Tel. 951 100 852
www.coronaborealis.es
www.edicionescoronaborealis.blogspot.com

Diseño editorial: HF Designers
Ilustración de portada: HF Designers
© Rafael López Alonso

Primera edición: Julio de 2011

ISBN: 978-84-15306-65-8
Depósito Legal: SE-5684-2011

Distribuidores: http://www.coronaborealis.es/?url=librerias.php

Printed in Spain - Impreso en España

«veinte gansos comían en mi casa trigo remojado con agua y yo me alegraba contemplándolos, pero vino desde el monte una gran águila de corvo pico y a todos les rompió el cuello y los mató, y ellos quedaron esparcidos por el palacio, todos juntos, mientras el águila ascendía hacia el divino éter».

La Odisea, Canto XIX

INTRODUCCIÓN

Cuatro años han pasado desde que me encontré por primera vez con una de las personas que más han influido en mi pensamiento y en mi forma de ver la vida. Y lo recuerdo como si tan sólo hubiesen pasado tres semanas.

Lo conocí un día de primavera, en una tetería de un pueblo de la Alpujarra de Granada, a la que suelo ir de vez en cuando. Cuatro años hace ya de entonces.

No sé cómo salió el tema. Bueno, en realidad sí que lo sé, porque me encanta hablar sobre esoterismo. Cuando me dan carrete no paro de hacerlo, y no suelo hacerlo precisamente en voz baja. Y este hombre, según él, ciudadano francés de ascendencia argelina, aunque habla el español bastante mal, estaba justo en la mesa de enfrente, oyéndolo todo.

Terminó incorporándose a la conversación que teníamos, y allí estuvimos hablando hasta que entró a buscarlo una chica que hablaba francés con un acento peculiar. En ese momento salí a la puerta de la tetería y miré a ver si tenía en el coche, uno de tantos ejemplares de mi primer libro, que he ido regalando por el mundo.

En efecto, lo encontré y se lo pasé. Y me dijo que lo leería y que por qué no quedábamos para hablar sobre el libro, un mes después en la misma tetería. Y así fue.

Justo un mes después, volvimos a vernos en el mismo sitio. Se me presentó bajo el nombre de Jean Marc Guidé. Dijo que había leido mi libro con la ayuda de una amiga que le sirvió de traductora. Y no dudó en ponerlo verde. Me estuvo hablando sobre la contaminación de la mente, y de cómo esto había configurado mi manera de hacer el libro. Me dijo que yo iba bien encaminado, pero que me faltaban datos y que necesitaba ciertas clases particulares para ver el mundo desde otra perspectiva.

Estuvimos hablando sobre Islam cerca de dos horas, y él me propuso un trato. Su avión salía de España en unos días, y me ofreció vernos en Marruecos cuatro meses después, para darme una especie de curso que me permitiera ver el Islam y las religiones desde otra perspectiva.

Me insistió bastante en que llevase una grabadora *mp3*. Me pasó un *e-mail* y me dijo que no usase el mío, que me abriese otro, y que le escribiese desde ese otro a esa dirección que él me había dado. Y así lo hice.

A los cuatro meses, nos encontramos en Marruecos, y allí me aclaró que no es un curso lo que me iba a dar, sino que era mi segundo libro lo que me iba a proporcionar. En ese momento no entendí nada de nada. Ahora lo entiendo todo.

Me dijo que lo grabase todo en *mp3*, y que una vez escrito el libro, destruyese las grabaciones en las que saliese su voz, incluyendo la grabadora *mp3*.

Me aclaró que el libro no se iba a escribir en un año ni en dos, sino que en el plazo de unos años tendríamos varias sesiones. Y así fue. Tuve que reunirme unas cuantas veces con él en una casa de la Medina de Fes, en los años 2007 y 2008, y una vez más, que fue la última vez que lo he visto, en Roma, en 2009.

He aquí el fruto de una traducción en la que he invertido cuatro años de mi vida.

FES

JUEVES 2 DE AGOSTO DE 2007

Ya sabes a lo que has venido y sabes por qué estás aquí. Vamos a hablar de Islam; de un Islam olvidado. Enterrado en las arenas del desierto a muchos kilómetros de aquí. Un Islam secreto que ya nadie conoce. Y esto que a continuación te voy a transmitir, es una semilla, que en breve, comenzará a germinar.

¿De qué te estoy hablando? Evidentemente no del Islam que el mundo conoce.

Te voy a hablar de algo sobre lo que millones de almas han estado clamando durante siglos. Y ha llegado el momento.

¿Has puesto la grabadora en marcha?

— ***Acabo de ponerla.***

Perfecto.

Pues la palabra Islam proviende de la raíz trilítera *Sin-Lam-Mim*.

De aquí provienen las palabras *Salam*, y *Shalom*, que son términos empleados para designar el estado de sosiego y tranquilidad inherente a la experimentación de la Realidad Absoluta.

También proviene *Slim*, de donde deriva *muslim*, o musulmán, cuyo significado es estar sometido. Y todo lo creado está sometido. Pero he aquí la cuestion: ¿sometido a qué? Luego trataré este tema.

También de aquí proviene *Sulam*, que es el término empleado por Jacob para designar la escalera que vió en su visión, por la que los seres del *Malakut* bajaban y subían.

Pues el Islam es un *Sulam*, y como toda escalera, tiene escalones. Identificar el Islam con un determinado escalón o grupo de escalones y encasillarlo ahí, es una manera de evidenciar la ignorancia de no saber qué es realmente el Islam.

Así pues, tanto es Islam el Islam para cretinos, como el Islam para cabales. Ejemplo de Islam para cretinos: La mujer sólo ha de salir de casa para ir al entierro del marido. ¿me explico? Y no puedo negar que esto último sea Islam, pues aunque pertenece a uno de los grupos de escalones situados en lo más bajo, también forma parte de esta escalera que es el *Sulam*.

Quien se asoma al mundo desde una ventana del primer piso de la cara norte de un edificio, ¿lo percibe igual que quien se asoma por una ventana del cuarto piso de la cara sur del mismo edificio o que quien se asoma por otra ventana del segundo piso de la cara este?

Los tres están convencidos de que el mundo es tal cual ellos lo perciben, pero si a uno de ellos se le ocurriera asomarse al mundo a través de la ventana del vecino, sin duda su realidad única sufriría una transformación total, ya que se encontraría con el choque entre dos realidades simultáneas diferentes, y ambas totalmente válidas.

En un plano de experimentación como éste, existen tantas realidades diferentes y simultaneas como percepciones diferentes y simultaneas existan.

Por eso el Corán es un libro abierto. Porque, ante una misma palabra que puede significar catorce cosas diferentes, o como si del edificio del ejemplo anterior se tratase, hubiese catorce ventanas diferentes por las que asomarse, podríamos obtener catorce lecturas diferentes del Corán. Y todas serían válidas. Y ojo, que estamos hablando de una sola palabra. Ponte a hacer combinaciones de todas las palabras integrantes de una frase, en las que cada palabra tiene cuatro o cinco o más significados.

No me gusta la imagen que del Islam se tiene en el mundo. Porque el mundo no conoce el Islam. Y sí lo conoce.

El Islam que conoce el mundo, es el resultado de una determinada convención de diferentes lecturas del Corán, que no deja de estar supeditada al entendimiento de quienes elaboraron dicha convención.

Que el Corán sea un libro abierto envilece y engrandece la percepción que del Islam se tiene; así pues, ante una misma frase, cada uno lee un significado diferente, acorde a su entendimiento y a su ciencia.

Te pongo un ejemplo con una misma palabra. La palabra *dáraba*, que es leída por el violento como golpear, también puede ser leída como hacer el amor. Y las dos lecturas son válidas. Así que sinceramente ¿qué prefieres tú, golpear a una mujer, o hacer el amor con ella?

— *¿Golpearla mientras hacemos el amor?*

Maravillosa respuesta con la que se constata que la existencia del Islam para tarados mentales es un hecho demostrado. Sin embargo, afortunadamente hay Islam orientado a público más cabal e inteligente.

Nuestras acciones son el resultado de nuestra inteligencia y de nuestra ciencia. Y son nuestras acciones lo que determinan lo que somos, no el Corán, ni el Islam. Por eso te ruego que abras tu mente y que no te forjes una idea equivocada de lo que es Islam. No encasilles el Islam hacia un determinado grupo de escalones del *Sulam*. Islam y evolución comparten los mismos límites, tanto por arriba como por abajo.

Aunque te aseguro que los habitantes de los peldaños inferiores odian y envidian a los de arriba, porque no los comprenden y porque, aunque se les dé su correspondiente explicación, niegan por sistema todo aquello que su ciencia no abarca y no toleran todo aquello que pueda ir en contra de sus pasiones. Siempre han perseguido y han tratado de destruir a quienes les han llegado portando una visión de la realidad que se corresponde con grupos de escalones evolutivamente superiores. A sus ojos, todo enviado está loco, o es un hereje, o un blasfemo, o un embustero.

Así pues, dicho esto, para que no haya ningún tipo de confusión, te aclaro que el contenido de la información que te voy a transmitir en estas reuniones que vamos a tener, no es un nuevo mensaje, sino una lectura del mensaje, completamente diferente a las lecturas oficiales, que no contradice ni invalida lo que ya se conoce, pues, como te acabo de decir, el Corán es un libro abierto, donde cada uno lee según su *maqâm* o estado evolutivo; y esto que te voy a mostrar está extraído de una lectura acorde al *maqâm* en el que me encuentro, o grupo de escalones del Sulam sobre los que yo hago mi vida. Y como podrás comprobar, no me apartaré ni un ápice de la letra.

Por eso no has de tener ningún miedo en publicar estas conversaciones. Porque el Islam ni es una mafia, ni una organización fascista, sino un camino de libertad y de justicia.

Y si te negaran o desmintiesen esto que te voy a decir, y te dijesen que el Islam se habla en un único idioma, diles que son como el idiota gandul egoísta que se niega a aprender otras lenguas, porque pretende que el universo entero hable la única lengua que él conoce.

Así que quien piense que para conocer el Islam, es necesario aprender árabe, poco conoce del Islam y de su universalidad. Ni siquiera el Corán fue revelado en árabe. En aquella época, en la península arábiga se hablaban nosecuantos dialectos. El Corán fue revelado en una lengua semítica, a partir de la cual, nació el árabe clásico.

Así que lo que hoy se conoce como lengua árabe tiene su origen en el Corán. Y aún hoy ni siquiera los eruditos conocen el significado de algunas de sus palabras.

— Perdóname, pero es un hecho comprobable y todo el mundo sabe que el Corán original está escrito en árabe.

¿Qué existió primero, tu madre o tú? ¿tu madre ha nacido de ti, o tú has nacido de tu madre? Para que pudieses tú estar aquí ahora, primero se hizo necesaria la existencia de tu madre. Pues igual pasa con el árabe clásico.

El árabe nace del Corán, y el Corán no nace del árabe. Absolutamente todas las reglas ortográficas, sintácticas, gramaticales y linguísticas del árabe clásico parten del Corán; son hijas del Corán. Vamos, que la lengua árabe está sometida a lo que hay escrito en el Corán, y no viceversa.

Así pues, pregúntale a toda esa gente que dice eso, ¿viene tu madre de ti, o tú de tu madre?

Tratar de asociar u orientar el Islam hacia tu tradición, es tratar de poner límites a lo universal, acotándolo bajo la óptica del *maqâm*, bajo el que tú y quienes son como tú, percibís la realidad. Así que aunque una tradición practicada por millones de personas, forme parte del Islam, no vayas a confundir el Islam con una tradición. El Islam es evolución, y la evolución no tiene límites. El carácter del Islam es universal. Y las tradiciones son algo particular, que se corresponden con el *maqâm* inherente a los diferentes grupos de escalones de este *Sulam* que es el Islam.

La universalidad está presente en toda cultura y toda región; trasciende toda barrera física y mental, y la cuestión idiomática no es una excepción a esto. Así que borra esto de tu mente: el Islam no nace en Arabia, pues Adán, Noé, Moisés y Jesús ya eran musulmanes antes de que Muhammad naciera. El Islam ya existía incluso antes de que el hombre fuese creado.

Antes de seguir, quiero aclararte que yo no soy un erudito. Los eruditos tratan de llegar al conocimiento mediante estudio y razonamiento; y a partir de esto fabrican un paradigma, que con el transcurrir de generaciones, es considerado verdad universal, y aplicable a todo.

Te digo que no soy un erudito, porque, aunque también tengo lo mío, en cierto modo yo no funciono como la mayoría de ellos. No he accedido al conocimiento de lo que voy a hablarte mediante estudio ni razonamientos mentales, sino mediante la experimentación en mi persona, antes incluso de yo haber tenido acceso a esa información que he ido encontrando, donde se trata de dar explicación a eso mismo que yo he experimentado.

Por eso no voy a hablarte de lo que no sé, y por eso mismo tengo perfecto conocimiento sobre Eso de lo que todos ellos hablan, pero que prácticamente ninguno conoce.

No pongas esa cara. Experimentalmente no saben lo que es. Y te voy a poner un ejemplo para hacerte ver que, efectivamente, ninguno de ellos conoce esto de lo que yo hablo.

Vamos a ver, si tú vives en la Quinta Avenida de Manhattan, nadie mejor que tú, conoce esa zona. Y sólo quien ha vivido allí o quien ha estado allí el tiempo necesario como para conocer bien esa zona, está lo suficientemente capacitado como para hablar de ella.

Si tú te encuentras a un señor que sabe que esa calle está llena de comercios, y te pones a hablar con él sobre ellos, si te da muchos detalles, puedes creer que esta persona ha estado en Nueva York y conoce realmente eso de lo que está hablando. Pero si de pronto, comienza a hablar de cosas que no se corresponden con lo que tú, por propia experiencia, conoces, como por ejemplo los almacenes Harrod's Manhattan de la esquina de la Quinta con Park Avenue; o incluso te describe esos carruajes de oro puro resplandeciente que van transportando gente de aquí para allá, te das cuenta de que te has perdido algo o de que aquí está fallando algo.

Es normal que quien nunca ha oido hablar de Manhattan, ni ha estado allí, dé crédito a lo que este hombre está diciendo; es más, para quien desconoce sobre Manhattan y oye lo que este hombre está describiendo, se estará creando una realidad que es totalmente «verdadera» y aceptada. Y esta aceptada imagen de Manhatan, puede ser transmitida y perpetuada a lo largo de generaciones como lo fue el mito del El Dorado, sin que nadie ponga objeción alguna.

Todos ellos están muy seguros de lo que dicen, pero evidentemente tú estás viendo que lo que ellos dicen no se corresponde en nada con el Manhattan que tú conoces.

Ni en Manhattan hay almacenes Harrod's, ni la Quinta Avenida se cruza con Park Avenue, entre otras cosas porque son paralelas, ni esos carruajes dorados son tales carruajes, sino taxis que más parecen yemas de huevo que lingotes de oro.

Y si en vez de uno, son un millón de estos eruditos los que afirman conocer Manhattan, postulando una realidad que se opone diametralmente a lo que tú, habitante de Manhattan, conoces, pues ya me dirás.

¿Qué está ocurriendo aquí? ¿estás loco y no lo sabes? ¿posees una alteración en la percepción de la realidad que te hace ver

Manhattan de manera diferente a todos ellos? ¿estás tú equivocado, o lo está el millon de estudiosos del tema que nunca han visitado Nueva York, pero que están convencidos de decir la verdad, sin siquiera plantearse que pueden estar equivocados?

Lamentablemente, en este democrático mundo de locos, la razón siempre la lleva la mayoría.

Te he puesto este ejemplo de conocer algo, como pueda ser Manhattan, porque ocurre que cuando llega el momento en que tienes acceso a un texto al que nunca antes habías tenido acceso, y desde el conocimiento adquirido mediante tus vivencias, comprendes perfectamente el significado de eso que estás leyendo como si lo hubiéses escrito tú mismo, estás descifrando, debido a tu experiencia, lo que ese mensaje encierra. Esto se llama *haqîqa*.

Pero cuando accedes a dicho mensaje desde el desconocimiento, y no sabes sobre qué se está hablando realmente, corres el riesgo de darle un significado que en absoluto se corresponde con el sentido que encierra, y hacia el que estás velado, por tu desconocimiento sobre la materia; con lo cual, darás un sentido más o menos aproximado, según el aprendizaje que hayas obtenido de tus vivencias y según los datos que hayas obtenido del estudo de las vivencias de otros.

¿Y sabes qué ocurre? Que quien no ha estado nunca en Manhattan, emplea la imaginación, para con los datos que tiene, concebir Manhattan. Y mete la pata.

Pues esto te digo: Manhattan no es una idea ni un concepto. Manhattan es una realidad. Así que hasta que no pruebes la miel, no sabrás cómo sabe.

No quiero parecerte pretencioso, pero esto es así. Si quieres saber sobre la calidad de una madera, no busques un escayolista; búscate un carpintero, y bueno.

Cada musulmán debe hacer *iÿtihad* del *Kitab Al-Furkhan*, o lo que es lo mismo, debe hacer una lectura propia e independiente del Corán. En base a esto, que no te extrañe si la visión del Islam que voy a transmitirte, choca con versiones oficiales procedentes de lugares donde el *iÿtihad* ha sido prohibido; versiones oficiales financiadas y de alcance mundial, que impiden percepciones de la realidad que no interesan, porque lo que interesa es propagar la ignorancia y el atraso como imagen del Islam.

Como musulmán que soy, tengo la obligación de extraer mi lectura personal del Corán, acorde a mi *maqâm*. Y te digo la obligación, porque aunque sea más fácil, más cómodo y más bonito que te den el trabajo hecho, y que adoptes la visión de otros, todo musulmán está obligado a hacer *iÿtihad*. Y a hacerlo sin miedo a nada. El Islam es libertad. Nadie es quien para discutir o criticar lo que entre *Allah* y uno hay.

Aunque la letra sea la misma, no hay dos Coranes iguales. El Corán es un espejo que refleja lo que cada uno lleva dentro. Y viendo la lectura que de él hace, verás qué se esconde tras su apariencia humana.

El Islam comenzó como vía de reunión con Uno mismo, de la mano del conocimiento, de la ciencia, y de la prosperidad. De un tiempo para acá, gracias al trabajo tan magnífico de los medios de adoctrinamiento y de manipulación de masas, el Islam es percibido por toda la humanidad como decadencia, muerte, incultura, fascismo e irracionalidad.

El mundo entero ha centrado su atención sobre la mancha del vestido sin ni siquiera fijarse en cómo es el vestido en sí. Y todos llaman vestido a la mancha, sólo porque la mancha pertenece al vestido. Si bien es cierto que el tamaño de la mancha es considerable y en estos tiempos que corren va en aumento, es sólo una pequeña porción de lo que el espectro del Islam abarca.

El Islam es una escalera. Y como toda escalera, tiene sus peldaños. ¿Por qué centrarse entonces en el grupo más bajo de escalones?

¿Por qué ese interés de hacer del Islam un atraso? ¿Por qué crear y financiar la perpetuación de un submundo integrado por un compendio de paises, cuyos habitantes han sido condenados por sus «untados» gobernantes, a mantenerse bajo la ignorancia, la miseria y todo lo que ello conlleva?

La humanidad sólo sabe lo que sabe. Y no sabe más. Y créeme, saber esto y saber nada es casi lo mismo. El negocio de Dios tiene más poder del que puedas imaginar. Y lo que la humanidad conoce sobre el Islam, nada tiene que ver con el Islam del que a continuación te voy a hablar.

El Islam es una moneda que tiene dos caras completamente diferentes. Y cualquier musulmán lo sabe. Una al alcance de cualquiera: la cara *Ba* o cara B, y otra no tan al alcance de cualquiera: la cara *Álif*, o cara A.

La cara B del islam contiene rituales cargados de simbolismo. ¿Simbolismo de qué? Pues de aquello que tienes que hacer si lo que quieres es llegar hasta la cara A.

Pero ojo, he dicho simbolismo. No confundamos el símbolo con lo que éste simboliza.

Millones de egos en el mundo, identifican el dar con la frente en el suelo, con el sometimiento y con la humildad.

Puedes hincar la frente en el suelo veinte, o cincuenta, o setenta veces, o ninguna, que siempre, y escúchame bien, siempre, estarás sometido. Pues todo lo creado está sometido.

Así que puedes amagar el lomo seiscientas veces ante tu sibilino y disfrazado ego, que te susurra lo bueno y lo pío que eres, convenciéndote de lo que haces, y no enterarte de nada de lo que en realidad estás haciendo.

El tío más orgulloso y más cabrón del mundo, por mucho que hinque la rodilla en tierra y se autoconvenza de que eso es humildad y de que eso es someter el ego, aunque su mente le lleve a percibirse como todo lo contrario, seguirá siendo el tío más orgulloso y más cabrón del mundo, sometido por el ego más humilde y más pío.

La gimnasia rítmica al gimnasio rítmico. La humildad es la humildad, y quien es humilde, lo es hasta echando la siesta.

La espiritualidad de la cara B, o de este mundo de materia, tiene su correspondencia en forma de pensamiento o forma material, con la Espiritualidad de no pensamiento y de no forma, que conduce a la cara A.

La cara B, se corresponde con el sentido exotérico o literal del mensaje, y la cara A, con el sentido esotérico o Espiritual, que el mensaje encierra.

Te voy a poner un ejemplo para que comprendas a qué me refiero cuando hablo del sentido literal de un mensaje.

Imagínate una multinacional en la que una de sus delegaciones o sucursales, todo funciona de maravilla, obteniendo beneficios deslumbrantes. Y un buen día llega la jubilación de varios de los directivos de esta sucursal, que tienen la misma edad, y pasan a ser reemplazados por otros. Imagínate que ahora estos otros directivos que ocupan los puestos de quienes se jubilaron, hacen el trabajo tan mal, que lo que antes eran beneficios, ahora son pérdidas. Ante esto, ¿qué actitud deben tomar los jefes de la central? Por supuesto cortar cabezas y reemplazarlos inmediatamente por otros.

Ahora he llegado donde quería. ¿Montan una guillotina y les cortan la cabeza? La razón y la sensatez humana llevan a uno a entender esta expresión como quitarlos de en medio, pero si empleáramos la literalidad, por supuesto: hay que cortarles la cabeza a cada uno de ellos.

Mucho se ha escrito sobre Islam, pero casi todo lo que se ha escrito, gira en torno a la misma órbita: las maravillas y los beneficios que encierra lo literal.

Sin embargo, yo voy a hablarte de otro aspecto del Islam, que poca gente conoce: lo no literal, o esotérico.

Antes, dos peticiones te hago: primera, procura no interrumpirme cuando hable; no imaginas la importancia de algunas de las cosas que voy a transmitirte y no puedo permitirme descentrarme. Y segunda, mientras escuches lo que digo, procura olvidar todo lo que sabes acerca de los significados de determinadas palabras, pues todo lo que conoces al respecto es contaminación de este mundo de la cara B, que estorba e impide el paso a la comprensión del sentido de esas mismas palabras, pero orientadas hacia la cara A.

Existen algunas palabras en las que uno de sus sentidos, el literal, que todo el mundo conoce, se corresponde con la realidad espiritual de la materia de este mundo de la cara B, mientras que otro de sus sentidos, que prácticamente nadie conoce, se corresponde con la realidad espiritual que te lleva a percibir la dimensión de la cara A.

Todo lo de la cara B, tiene su correspondencia con todo lo de la cara A en dos aspectos totalmente diferentes. El aspecto que crea las realidades B y el aspecto que lleva a la Realidad A, unidos por una misma palabra.

Ambas caras son dos aspectos totalmente opuestos de una misma cosa, pero ambas son complementarias, ya que juntas conforman una misma moneda.

A partir de ahora, comenzaré a hablarte sobre unas mismas palabras que todo el mundo conoce, pero cuyo significado difiere del que todo el mundo conoce. Y este significado te lleva a percibir el sentido de la cara A.

Te quiero dejar esto bien claro, porque si te hablo sobre el Islam de la cara A, te estaré hablando de un Islam que te aseguro no conoces y que puede sonarte a cualquier cosa menos a Islam. Si esto es así, por favor borra de tu mente los conceptos; haz caso a la segunda de mis peticiones anteriores, y trata de hacer el esfuerzo de descontaminarte de todo lo que sabes. Sólo así entenderás. Y llevado a la práctica, comprenderás.

Desde hace miles de años, el ser humano de este planeta porta en su mente un virus hereditario, que hace que la realidad sea percibida bajo una óptica no natural.

Este virus es una de las tantas variantes que tiene lo que hoy día se conoce como esquizofrenia, que es un trastorno de la mente, que se caracteriza por una mutación sostenida de varios aspectos particulares del funcionamiento psíquico del individuo; principalmente de la consciencia de realidad.

Una persona que padece este trastorno, por lo general, muestra alteraciones en la percepción de la realidad. Y estas alteraciones en la percepción, provocan pensamientos desorganizados, que a su vez provocan trastornos emocionales. Y los estados mental y emocional, influyen directamente en cada una de las acciones que llevamos a cabo en nuestras vidas.

Y ahora te pregunto, ¿qué clase de mundo podrá construir un colectivo de enfermos mentales? ¿un mundo sano?

A la vista está cómo está el mundo. Viendo la obra, ves quiénes son sus constructores. Y contemplando su construcción, hasta el más tonto puede ver la procedencia de su inspiración.

Quien está en el mundo y vive bajo una realidad que no se corresponde con lo que a su alrededor está ocurriendo, está viviendo en la inopia. Y millones de personas habitantes de este planeta, viven literalmente en la inopia; se encuentran haciendo sus vidas, sumidos bajo el desconocimiento más profundo de lo que está ocurriendo; engañados y manipulados, convencidos de que la realidad es tal cual les han enseñado a percibirla.

La humanidad entera anda sumida en la percepción de la realidad bajo una óptica mitológica; bajo la idea de la existencia de dioses o de un único dios. Y muchos hombres se han dado muerte y muchas guerras se han librado en torno a esta idea.

En el Islam, ni hay dios, ni hay dioses; bueno, mejor pensado, sí que los hay, pero como creaciones del hombre. Son los hombres quienes han creado los dioses.

¿Existe Zeus? Pues para los griegos Zeus era tan real como puede serlo el Dios de los gentiles. Es más, la palabra Dios proviene de la palabra Deus. Y resulta más que evidente de dónde proviene Deus.

La idea o concepto de deidad es un resorte al servicio de *Iblis*, con el objeto de desviar la atención hacia lo que Eres y hacia lo que todo lo creado Es. Dios es un concepto, idea, o imagen mental, puesta al servicio del *Shaitán*, que obra al servicio de *Allah*.

Y el musulmán que te hable de *Allah* como si *Allah* fuese Dios, ten por seguro que no sabe de lo que está hablando, pues si conociese la Realidad Única, no habría hecho de *Allah* una idea o un concepto en su mente, bajo el que es asociado o «percibido» (más bien imaginado) como Dios.

Esta persona tiene *Wilâyah* cero. Sin embargo está convencido de todo lo contrario, ya que su mente, inspirada por el «virus» engañador-separador, le hace ser un pobre e inconsciente esclavo de su ego; un hipócrita que habla de lo que desconoce y que presume de lo que no sabe, convencido de que la realidad es tal cual le ha sido transmitida. Y no es consciente de que lo único que le ha sido transmitido, es la infección de dicho virus mental, que hace que este hombre perciba la realidad de esta manera, y que esté convencido de que el mundo es tal cual él lo percibe.

Para que lo entiendas, es como si tú te atrevieses a decir cosas sobre alguien que tú no conoces, pero autoengañándote y autoconvenciéndote de que sí que lo conoces, simplemente porque este alguien tiene una relación de amistad con un amigo tuyo. Y por el hecho de que es amigo de tu amigo, tu mente ha decidido adoptarlo como «amigo» tuyo, sin siquiera tener en cuenta que jamás lo has visto, que no lo conoces de nada, y que tu amigo nunca te dijo su nombre. Sin embargo estás totalmente convencido de que lo conoces, y hablas sobre él como si lo conocieras personalmente.

Imagínate que, por circunstancias de la vida, tu amigo muere, y con ello, pierdes la ocasión de que te presente personalmente a ese alguien de quien tu amigo tanto te hablaba y que tu mente ha llevado a que tú, sin conocerlo de nada, considerases tu «amigo».

No lo conoces personalmente, pero lo «conoces» mentalmente, de una manera tan prufunda que sois íntimos «amigos».

Imagínate que por estas «casualidades» del destino, un día de compras en unos grandes almacenes, decides usar el ascensor, y tienes tan «mala fortuna», que éste se avería y quedáis atrapadas tres personas, durante una hora. Comenzáis a hablar, y tú vas y sacas el tema de las excelencias de tu «amigo» al que «hipócritamente conoces mentalmente».

¿Qué cara pondrías si uno de los que están atrapados contigo te dice que cómo puedes estár hablando sobre él, afirmando que es amigo tuyo, si no lo conoces de nada, y no lo has visto en tu vida?

Naturalmente, tu ego, teledirigido por el virus, te dará la orden de negar a esta persona, y le dirás que estás hablando sobre otro, pues evidentemente, este individuo para nada se ajusta a la idealización (que tú confundes con realidad) que tú tienes sobre él, fruto de la información que te ha sido transmitida, y que ha dado como resultado la fabricación de la imagen mental que tú te has hecho, a la cual asocias a tu «amigo».

Como esta imagen mental, hacia la que él es asociado, en ningún caso se va a corresponder con la realidad de esta persona, chocando de pleno con ella, si esta persona te insiste en que estás hablando sobre ella, tu ego lo negará nuevamente, diciendo que está confundido, o perturbado, o incluso «legítimamente» será tachado de farsante o de impostor, pues para nada se ajusta a tu «amigo» imaginario «real» al que, debido a la muerte del amigo común, ya es imposible de conocer personalmente.

Esquizofrénica la inconsciente hipocresía del asociador, ¿no te parece?

Sólo te digo que ¡ay! de los millones de seres humanos que conciben a *Allah* desde la imaginación, y que se atreven a dar discursos sobre lo que no saben.

Allah no se concibe; es inconcebible. *Allah* se Experimenta.

Y yo te digo que hay quien consagra su vida a hablar sobre las excelencias de Dios, y sobre cómo ha de adorarse. No son sino asociadores y vividores de una realidad de cuento y de fantasía. La esencia del Islam es que Dios no existe. Lo Único que hay es *Allah*. Y *Allah*, no se adora; se Experimenta.

Una Realidad no se adora. Una Realidad se Experimenta. Adorar una realidad es algo esquizofrénico. Se adora una imagen mental o un ídolo. Esto sí es susceptible de adoración. Por su obra verás de qué pie cojean, pues la adoración es la evidencia más escandalosa de quienes cometen asociación.

— Según esto, ¿quieres decir que el musulmán debe ser agnóstico o ateo?

Quiero decir que no existe Dios. Que los dioses, y en concreto Dios, es parte de un invento que tiene enferma a la humanidad entera. Lo que está ocurriendo en este planeta no tiene nombre. Dios no ha creado al hombre; ha sido el hombre el que ha inventado a Dios.

Lah ilâha il-la-Al-lâh.

No hay dios, sino *Allah.*

Lah expresa negación, *ilâh* es dios, en singular, *il-la* es sino y *Al-lâh* es *Allah.*

Dios no existe. Existe *Allah.*

Muchos afirman: «No hay más ilâh que *Allah*». Y se quedan tan tranquilos. Como si *Allah* fuese un ilâh; una deidad que debe ser adorada o venerada.

Quienes veneran, asocian *Allah* con un dios o una deidad, y pretenden buscar el origen de la palabra *Allah*, como una contracción de *al-ilâh*, o sea, el dios. Es normal que piensen así.

Quienes nunca han experimentado el Absoluto de manera consciente en sí mismos, afirman que *Allah* escapa a la razón; que es imposible para el entendimiento humano comprender la Realidad Absoluta.

Piensa el ladrón que todo el mundo es de su condición. Y el ego del «maestro» ni concibe ni tolera que exista alguien cuyo punto de visión esté por encima del suyo.

La Realidad Absoluta no se percibe con la razón, ni con entendimiento alguno; sólo está al alcance de quien detiene lo que de su mente emana, mientras hace *Suŷud* ante su *Rabb*.

Toda criatura está supeditada al Pacto, Convenio o Alianza. Y esta es la cláusula principal: la experimentación de la Realidad Absoluta, de manera consciente, en este plano. Lo demás son pretextos de gandules e impotentes para no llevar a cabo el trabajo al que todo ser creado está llamado.

No creas imposible para los demás, lo que tú consideras imposible para ti; no proyectes sobre nadie tus propios límites. No hables nunca de lo que no conoces. Si hablas, habla con conocimiento. Pero no te atrevas a hablar sin conocimiento sobre lo que otros te han contado que otros les contaron, pues harás que quien no esté contaminado, se contamine del mismo modo en que tú has sido contaminado.

Si ellos conscientemente no han experimentado en sí mismos el Absoluto, ¿cómo se atreven a hablar sobre lo que no saben? Se les advirtió sobre esto, pero quien asocia no sabe.

Su espiritualidad es la mente; es pura mente. Son los encargados de la ejecución de la obra del «resorte» del que se vale *Allah*, para desviar al ser humano, siendo redirigido hacia el entendimiento o la concepción del Islam, desde la mente y sus subproductos, no desde la propia experiencia.

Y como no hacen *Suŷud*, sino que juegan a imaginar, llegan a concebir el Absoluto como una comprensión que escapa al entendimiento humano. Y encima se jactan de prestar adoración a algo que escapa al entendimiento humano. Es alucinante.

Adorar lo que no se conoce me parece algo totalmente esquizofrénico que vulnera cualquier atisbo de razón. Y la adoración es hermana de la veneración y prima hermana de la idolatría. O sea, la esencia del anti-Islam. Así va el mundo.

La Realidad Absoluta no es susceptible de adoración sino de *Suÿud*, pues todo ser creado está conectado hacia ella; cada ser creado tiene una hendidura hacia Ella, y Ella está hendida hacia todo lo creado, como si de un puente hacia cada una de sus creaciones se tratase. Si crees saber qué es hacer *Suÿud*, te adelanto que no es lo que crees, pues el *Suÿud* del que hablo no es el *suÿud* bajo el cual el ego del adorador/asociador se siente realizado. Ya te daré explicaciones sobre esto más adelante.

Un *ilâh* es cualquier cosa susceptible de culto, Dios incluido. Y la Realidad Absoluta no es susceptible de culto, sino de ser Experimentada. Para poder hacer del Absoluto un objeto de culto, éste debe ser asociado hacia un *ilâh* o ídolo mental. Ninguno de los adoradores entiende esto que digo, porque al estar, de manera inconsciente, inspirados por el propio *Iblis*, se niegan a hacer *Suÿud*, siendo empujados a mirar a cualquier sitio, menos hacia donde tienen que mirar.

Ten en cuenta esto que ahora te estoy diciendo, y procura volver a estas palabras cuando te cuente cómo hacer *Suÿud*.

Sin embargo, esta casta de gansos de blancas vestiduras que lleva miles de años dirigiendo el rumbo de la espiritualidad de la humanidad, lo hace perpetuando la idolatría hacia un *ilâh* mental, ante el que todos se postran o se arrodillan. La carencia de *Tahara* y de *Wilâyah*, les lleva a pensar que están complaciendo a eso a lo que están prestando adoración, mientras creen convencidísimos, de estar haciendo lo correcto y de que es así como ha de hacerse.

La mente de estos gansos inmaculados está infestada de estructuras primitivas, de conceptos arcáicos y erróneos, de normas tribales, y de prejuicios: señor, siervo, esclavo, sumisión, poder, jerarquías, leyes. ¿Qué clase de espiritualidad es esta?

Son los mismos que decidieron llamar mandamientos a los dichos de sabiduría. Y como mandamientos quedaron para quienes no saben sino lo que otros les transmitieron.

Son los amantes de las palabras precepto y obligación. En materia de libertad no existen ni mandamientos ni preceptos, ni siquiera obligaciones. Y yo entiendo el Islam como camino de liberación, no como herramienta de alienación, de acotamiento y de esclavitud.

— Pero es bien conocido en todo el mundo que en el Islam existen preceptos.

¿Pero es que no te estás enterando de nada? ¿de qué Islam estamos hablando? ¿desde qué grupo de escalones del Sulam estamos percibiendo la realidad? ¿con quién estás hablando ahora? ¿con ellos o conmigo?

— Perdona, contigo, naturalmente.

Pues entonces te digo que desde mi óptica no hay mandamientos. No hay preceptos. No hay obligaciones. Sino en sus mentes, pues desde que nacen, inconscientemente eligen ir destinados a vivir bajo conducta limitada por la esclavitud de unas normas. Ellos y sus hijos y los hijos de sus hijos. Y es que los pobladores lunares de este planeta no conciben la vida sin la adoración ni la sacralidad, ni las normas que los tienen machacados. Admirable la obra del regente inspirador de la separación, pues no hay mejor manera de negarte a ti mismo, que hacer lo que otros te digan y someter tu voluntad hacia el señor de estos pobres ignorantes.

— ¿Pobladores lunares?

Sí. Te hablaré sobre estos pobladores del planeta cuyo *din* es el culto lunar, después de contarte algunas cosas acerca de *Allah*.

El término *Allah* proviene de *Al-lâha*. *Al* es el artículo El, y *lâha*, es un término que designa lo invisible; lo oculto. *Allah* es El Oculto, pues permanece invisible para sus criaturas.

Mientras haya gente que crea en deidades, ya sea una, ya sean cien mil, *Iblis* tendrá trabajo. En el momento en que los gentiles descubran el engaño, y salten de órbita, *Iblis* se va directo al paro, o bien emigra de este planeta, en busca de otros a quienes inspirar.

Todo lo que sabemos acerca de este mundo de apariencia, ha pasado bajo el filtro de la mente. Y si el filtro está mal configurado o sucio, percibimos la realidad sucia; de tal manera que damos por hecho que la realidad es tal cual nosotros la percibimos, renunciando a lo que Somos, en favor de identidades resultantes de subproductos de la mente.

Ni existe la divinidad ni existe lo sagrado, ni existe el pecado. Son términos propios de una perspectiva de observación determinada, inherente a todo aquel que padece la enfermedad que azota a la raza humana. Son términos con los que se trata de dar soporte a la mitológica percepción de la realidad que configura el mundo bajo el que los gentiles hacen su vida.

Lo único que Existe es *Allah*. Y *Allah* ni es Dios, ni es una deidad.

— Y si Allah no es Dios, ¿qué es Allah?

El término *Allah* no es más que uno de los nombres que se han dado para referirse a una Realidad. A la Única Realidad. A la Esencia Primigenia que sustenta y de la que emana lo creado. Lo llames Brahmán, Existente, Absoluto, Realidad Universal, Naturaleza Búdica, o como quieras llamarlo, es lo Único que hay, si es que se le pudiera aplicar el verbo haber, porque más bien no hay. Así que es, pero no es. Porque más que existencia, yo diría inexistencia, pero el hablar de inexistencia, conlleva la propia existencia, así que dejémoslo en la palabra *Allah* y no hagamos complicación de lo simple.

Y en realidad *Allah* no es más que una palabra que trata de designar lo indesignable; lo inefable. Una palabra que en la mente de millones de personas que ni piensan, ni disciernen, es usada como fetiche, para asociar algo que desconocen, pero de lo que saben más que nadie en este mundo. Y digo asociar, porque todos estos asociadores, adjuntan la palabra *Allah*, a una imagen mental a la que ellos idolatran. Y si les dices esto en su cara, además te lo niegan. Te dicen que ellos no idolatran, los muy hipócritas.

Y si crees que estoy equivocado en esto que digo, prueba a escribir la palabra *Allah* en un papel y quémalo delante de cualquier asociador idólatra de estos; verás de lo que te hablo. Verás como se ponen.

Si te digo la palabra *perfume* ¿hueles algo? Si te dibujo en un papel una rosa ¿puedes oler su aroma? Si rompo el dibujo de la rosa, ¿corro el riesgo de clavarme sus espinas? ¿estoy rompiendo realmente una rosa?

Mira, ¿ves lo que estoy dibujando en este folio? ¿qué es?

— Parece un vaso, ¿no?

Es un vaso, sí. Por favor, ¿podrías ahora acercarme esa jarra llena de agua, para vaciarla sobre el vaso que acabo de dibujar y beber un poquito? ¿Pero es que no ves la locura?

¿Acaso lo Inmutable muta o se altera, por el hecho de quemar un papel con unas letras dibujadas, que en la mente de unos perturbados, son asociadas con algo que ellos mismos desconocen?

Millones de personas asocian un dibujo, a lo que el dibujo representa. Padecen el problema mental que yo llamo «síndrome de Don Quijote»; ese que veía gigantes en lugar de molinos.

La infantilidad y el padecimiento de una enfermedad mental no diagnosticada, transmitida de padres a hijos durante milenios, va a ser la característica principal que definirá a esta penosa humanidad, que dentro de cinco generaciones ya comenzará a ser percibida como percibimos nosotros a los neandertales; es decir, como algo totalmente tosco y primitivo.

Imagínate. ¿Cómo explicar el color rojo a un ciego? ¿Con calor? ¿Con un tomate? ¿Cómo lo explicas? Le pones un tomate bien maduro a un ciego en una mano, y le dices que eso es rojo. Y en la otra mano le pones una guindilla bien picante, y le dices que eso es rojo.

El hombre palpa el tomate, lo huele, y le da un bocado, y después palpa, huele, y se echa la guindilla en la boca, dando a continuación un recital de alaridos debido al picor.

¿Qué crees que pasará por la cabeza del ciego? ¿Cómo crees tú que habrá percibido el color rojo?

El pobre hombre necesita imaginar, pues dada su condición de invidente, no puede percibir lo que es el color rojo. Está velado. Tiene la vista sellada; tapada.

Y para evitar la frustración y la locura que produce la impotencia de no saber lo que es el rojo, habrá de imaginar o de hacerse una idea, y asociar ésta al color rojo.

La enfermedad del asociador es bien simple: un parásito o virus alojado en su mente, que provoca la emulación mental del color rojo, y hace que éste sea reemplazado por una forma o imagen mental, que es asociada a dicho color.

Los asociadores asocian al color rojo una creación mental, que no se corresponde con el color rojo. No trascienden la forma, pues debido a la configuración de su mente, vagan ciegos, perdidos en una fantasía, en base a lo que conocen; y eso que no tiene no forma, como es el color, permanece velado para todo aquel que posee la visión tapada o sellada.

Perpetúan su realidad apegados y atrapados bajo el reino de la mente y de la forma de las creaciones mentales que les fueron transmitidas por otros ciegos como ellos. Y son incapaces de trascender el velo en el que viven. Viven la no trascendencia, generación tras generación, por medio de la perpetuación de una realidad creada exprofeso para ciegos.

Y no los saques de su ceguera, pues están tan enganchados y tan cegados por su contaminada y degenerada percepción de la realidad, que es imposible que lleguen a la trascendencia. Es imposible que adquieran la consiguiente toma de consciencia de lo que en realidad es la longitud de onda propia del color rojo.

Ciegos nacieron. Ciegos vivieron. Y después de haber vivido, ciegos murieron, sin haber vivido nada.

¿Qué quieres que te diga? Es lo que hay. Miles de generaciones de seres apasionados por el mundo de las ceremonias y de los rituales, que están convencidos de que mediante la ejecución de determinadas formas, se llega a la percepción de la no forma.

¿Acaso se parece en algo el sabor de una guindilla al de un tomate? ¿Acaso se parece en algo el olor de una guindilla al de un tomate, o se parece en algo la forma de una guindilla a la de un tomate? ¿Y todo esto es el color rojo?

Ellos afirman ver el color rojo en cada una de estas manifestaciones de forma y de sabor. Pero si les dieses un tomate verde, o un pimiento picante verde, jurarían que es rojo. Y es que quienes permanecen ciegos ante esta realidad, sólo entienden de formas y de cosas materiales, pues ese es el mundo en el que han de hacer sus vidas. Pero este mundo nada tiene que ver con lo que es el color rojo. Están ciegos, velados, tapados; tienen la vista sellada; precintada. Ni la forma es el color, ni el olor es el color, ni el sabor es el color. ¿Qué se puede esperar de una gente que sabe más que nadie sobre aquello que ninguno de ellos puede ver? Son asociadores de lo que es el color rojo. Cada uno lo asocia a una cosa diferente, y mientras todos ellos presumen de conocerlo, ninguno de ellos lo conoce.

En este universo mental andan metidas las religiones de la mente. Todas ellas tienen razón, en cuanto al reino de la materia y de la forma; a la vez que todas ellas están equivocadas, en cuanto a que son incapaces de trascender la materia y la forma; de trascender la ceguera bajo la que viven.

Con lo cual, dichas religiones de la mente, al no trascender hacia la no forma y encontarse atrapadas bajo la forma y en la materia, se convierten en religiones de ceremonias y rituales de materia y de forma; religiones no sólo de no trascendencia hacia el Absoluto, sino de negación del mismo, en favor de su emulación mental, y posterior asociación e idolatría hacia ese fetiche mental, cuya función es emular mentalmente el Absoluto. Dicho de un modo más sencillito, todas ellas, sin excepciones, trabajan al servicio de *Iblis*, señor del *kafirún*.

Kafirún es el plural de la palabra *kafir*, y *kafirún* es un término empleado para designar un grupo o colectivo de gente, que posee unas características determinadas.

Quienes se mueven en la órbita de las creencias, traducen *kafir* como infiel o no creyente. Lógico. Saben de la connotación de esta palabra en cuanto a la persona que se mantiene alejado de *Allah*. Y claro, según su modo de percibir la realidad, lo que te aleja de *Allah* es el hecho de no creer; de no aceptar la creencia; la ausencia de lo que ese colectivo de creyentes llaman fe.

Por eso el *kafir* es considerado infiel; infiel hacia la realidad que perciben los creyentes.

Los vocablos *kafir* o *kufar*, proceden de la raíz trilítera *Kaf-Fa-Ra*, cuyo verbo *káfara*, significa tapar, cubrir, enterrar; como cuando se le echa tierra encima a una semilla para cubrirla o taparla, o como cuando te cubres con una manta para taparte.

¿Qué tiene entonces que ver, el cubrir y el tapar, con ser infiel o no ser creyente?

— Absolutamente nada, ¿no?.

Sin embargo el creyente emplea esta palabra, para referirse a quien no percibe el mundo como él. ¿Por qué?

Porque el ego del creyente, debido a la programación mental, bajo la cual él percibe la realidad, jamás podrá plantearse, concebir ni admitir que él pueda ser un *kafir*; esto para él es un disparate, y de hecho sería tomado como un insulto muy grave. Sobre todo si desde pequeño se le grabó a fuego en su mente que el significado de la palabra *kafir* es infiel o no creyente.

¿Por qué te digo esto?

Porque en la zona del *Sulam* en que me muevo, el significado de esta palabra no es infiel o creyente. Es tapado, cubierto, sellado o precintado. Del mismo modo en que cubres o tapas la boca de un pozo con ayuda de piedras y de barro, y cuando este barro se endurece, forma un sello o un precinto que ciega la boca del pozo.

El trabajo del *Shaitán* es que el *kufar* no sea consciente de su condición de *kufar*. Cuanto mayor sea el número de *kafirún*, mayor el número de seguidores del *Shaitán*. Así que si esta palabra es percibida, no como lo que es, sino como lo que a *Iblis* conviene que sea, el *kufar* jamás será consciente de su condición de sellado.

He aquí la cuestión: tapados, sellados, o precintados, ¿cómo, y para qué?

Para que tus siervos puedan cantar a pleno pulmón las maravillas de tus hazañas, San Juan, absuelve el reato de los labios impuros.

— *¿Cómo?*

Te lo diré en latin: «Ut queant laxis resonare fibris mira gestorum famuli tuorum solve polluti labii reatum, Sancte Ioannes».

— Pues si antes no me enteraba, ahora me entero menos todavía. No entiendo nada de nada de lo que me quieres decir, ni sé qué tiene que ver esto con lo que me decías sobre los precintados.

De esta frase, sacada de un himno a San Juan Bautista, procede el sistema de notación musical latino. Si te digo DO, RE, MI, FA, SOL, LA, SI, ¿te suena?

— Hombre, eso sí.

Pues los nombres de estas notas están extraidos de UT queant laxis REsonare fibris MIra gestorum FAmuli tuorum SOLve polluti LAbii reatum, Sancte Ioannes. Y la nota UT se conoce ahora como DO, porque en el siglo XVII, UT fue reemplazada por DO, de Dóminus, según la versión oficial, pero casualmente resultan ser las dos primeras letras del apellido de Giovanni Battista Doni, que fue quien realizó dicho cambio.

— *¡Qué cosas!*

Te decía esto para hablarte de las notas musicales, y las frecuencias audibles por el oído humano, que oscilan desde los 20 Hz a los 20.000 Hz. Y según este espectro audible, el número de octavas perceptibles son aproximadamente once. La undécima octava se encuentra por encima de los 16.000 Hz, y al igual que ocurre con la primera, no todo el mundo es capaz de percibirla. Todo depende de la sensibilidad auditiva de cada persona.

La gran mayoría de la población hace su vida entre la tercera y la décima octavas. ¿Por qué te digo esto?

Pues te lo digo para que comprendas que hay determinados sonidos que no existen para todos aquellos seres humanos que no son capaces de percibir los tonos más graves y los tonos más agudos del espectro audible. Pero que en realidad sí que existen, sólo que ellos están velados a esta realidad auditiva, haciendo su vida dentro de una realidad acorde al espectro auditivo que ellos perciben.

¿Dónde quiero llegar con esto? Pues quiero llegar con esto a hacerte entender que hay realidades auditivas que mucha gente percibe y que son imperceptibles para quienes padecen «sordera», así como realidades visuales que mucha gente percibe y que son imperceptibles para quienes padecen «ceguera».

Y suele ocurrir que lo que no se percibe, no existe. Así que imagina que absolutamente toda la población es sorda y es ciega, y tú vas y les hablas a todos de música y de colores, cosa que para ellos es algo absurdo e inexistente; sin duda alguna te tacharán de loco. Te negarán, y si lo que dices les resulta molesto o pone en peligro la existencia de su mundo de sordera y de ceguera, lo más probable es que se pongan de acuerdo para destruirte.

¿Puedes oir bien con los oidos tapados o ver con los ojos cerrados? Pues así como para tener una audición de calidad, necesitas tener los oidos bien limpios y sin tapones, y para poder ver necesitas levantar los párpados, para percibir lo «imperceptible» por el común de los mortales: la Realidad Absoluta, necesitas abrir los sellos que mantienen cegados tus centros sutiles. Jamás percibirás el *Salam*, mientras tu pecho esté ciego.

El *kafirún* es el nombre que recibe el colectivo de los sellados; de los precintados. Quienes no han roto los precintos que posibilitan el acceso hacia la percepción del Absoluto. Y esto es físico, no es mental. Ni creencias, ni rituales simbólicos, ni cosas por el estilo. Es experimentación pura y dura.

La condición de *kafir* rompe el Pacto; rompe el Convenio; rompe lo que *Allah* ha ordenado mantener unido.

¿Por qué crees tú que en el mapa que es el *salat* que todo musulmán conoce, en la posición de *suÿud*, o postración, los puntos en contacto con el suelo son siete: pies, rodillas, manos y cabeza?

Porque estos siete puntos físicos de la cara B, tienen su correspondencia con los siete puntos que conducen a la percepción de la cara A; porque esta parte del mapa, está representando los siete centros sutiles, por medio de los cuales, hay que hacer *Suÿud* ante el *Rabb*. Siete son las cerraduras que hay que abrir, correspondientes a los siete sellos físicos que ciegan u obstruyen los siete centros sutiles, alineados a lo largo del *Sirat al-Mustakim*, canal central, o conducto vertical.

Harás *Suÿud* ante tu *Rabb* a través de las siete frecuencias del *Malakut* que se ocultan bajo tu apariencia humana. Sólo después de hacer esto podrás ser Ungido por la *Rahma*.

— Antes de proseguir con esto, ¿me podrías aclarar qué es el Rabb?

Bueno. La lectura que el gentil hace del Corán, lleva a entender el término *Rabb*, como amo, como dueño; como señor.

Y si digo que *Allah* es mi *Rabb*. Quien de ellos me escuche, podrá jurar que ha oido de mis propios labios que yo he manifestado que *Allah* es mi amo, mi dueño o mi señor. Sin embargo yo no estoy diciendo que *Allah* sea mi amo, mi dueño, o mi señor, sino simplemente que *Allah* es mi *Rabb*.

Cuando yo digo que *Allah* es mi *Rabb*, estoy afirmando que *Allah* es mi piloto; que está pilotando este cuerpo que estás viendo ahora y con el que estás manteniendo esta conversación. Pero no me mires así, que pilota el mío, el tuyo, y el de cualquier cosa. Sólo que todo está «desconectado» de Él hasta que no se establezca un vínculo conocido como *Wilâyah*.

El *Rabb* es el piloto; el que guía, maneja o pilota todo lo creado. Pero de ahí a que el *Rabb* sea un amo o un señor feudal, va un trecho.

El *Rabb* está siempre Ahí, pero permanece oculto ante quienes desvían la mirada mirando a otro lado, atrapados por los pensamientos y las distracciones de este mundo; distracciones que son como la música que impide escuchar el silencio.

Hasta que no hagas *Suyud* ante tu *Rabb*, no serás consciente de que es tu *Rabb* lo que te pilota. Absolutamente todos, en nuestra etapa de *kufar*, nos identificamos con el cuerpo; con el traje que lleva puesto el piloto; pero hasta que no rompamos los sellos, nunca seremos el piloto, pues ese es el juego de nuestro *Rabb*. Descubrir que somos Él. Bueno, que más bien soy Lo que Soy, jugando al escondite, en cada una de mis creaciones.

Y esta realidad mundana del d*unya*, es como es, gracias a *Iblis*, pues el ser humano, de no existir *Iblis*, no estaría condenado a estar sellado, y percibiría los reinos del *Malakut*, tan fácil como el que mira el reloj para ver la hora.

Actualmente el 99,9% de la raza humana permanecen ciegos y sordos ante esta Realidad de la que te estoy hablando. ¿Cómo puedes ofrecer agua a una cantimplora vacía que no sabe que es una cantimplora; ojo, esto es importante: que no es consciente de que es una cantimplora que se encuentra cerrada, sellada y precintada con el plástico original de fábrica, y más importante aún, que no está preparada para ser abierta, o que no desea ser abierta?

Al igual que la cantimplora que no sabe que es cantimplora, ellos están sellados y no saben que sus centros sutiles están obstruidos con un sello que han de romper.

Los sellados entienden la palabra *kafirún* como insulto. Y millones de ellos no son conscientes de que llevan esta condición de *kafirún* escrita en su frente, pues uno de los rasgos distintivos del *kafir* de pura cepa, es precísamente la marca de *kufar* que exhibe en su frente.

Estar bajo la condición de *kufar* no es algo malo. Es algo natural con lo que se nace. Nacemos sellados, a la espera de que los sellos sean abiertos. Y aunque les expliques cuarenta veces esto, por primar el folkore y las pasiones, su decisión es que los sellos jamás sean abiertos, ¿acaso es algo malo que la cantimplora, por propia voluntad, esté aún precintada, sellada, sin ser abierta? Cada cosa tiene su tiempo y cada uno experimenta lo que está llamado a experimentar. Y no le pidas peras al olmo.

¿Tú sabes qué es *Al-Latif*?

— Uno de los nombres de Allah, ¿no?

Pues sí, concretamente una de las manifestaciones del Absoluto: Lo Sutil; precisamente el aspecto de los chakras. Los siete centros sutiles de los que hablo son los siete *chakras*.

Puedes comenzar trabajando la percepción de lo sutil, por medio de la activación de los chakras que se encuentran en las palmas de las manos. Una vez activados los chakras de las manos, utilízalos para comenzar a percibir y a sentir los siete chakras o centros sutiles que se alinean a lo largo del *Sirat al-Mustaquim*; desde el perineo hasta aquello que corona tu cabeza. Lo siguiente, si es que tiene que venirte, te vendrá por sí solo.

Sin embargo, para esta gente, todo esto de lo que hablo, además de ser ciencia ficción, puede ser la blasfemia más grande jamás concebida. No trates de sacarlos de su mundo espiritual de folklore y de pasiones, pues es ese el mundo bajo el que han elegido vivir y, si no ponen remedio a la venda de sus ojos, bajo el que van destinados a morir.

Por causa de esta gente, *Allah* ha pasado de ser una Realidad sin nombre, a ser un nombre sin Realidad.

FES

VIERNES 3 DE AGOSTO DE 2007

Normalmente se habla de lo que se conoce. Pero cuando se habla de lo que no se conoce, y de ello se trata de hacer una ciencia, quienes sin haber experimentado eso de lo que se habla, estudian esta ciencia, terminan en el convencimiento de conocer aquello sobre lo que hablan, simplemente porque lo han estudiado. Aunque no lo hayan experimentado. Y ten por seguro que aunque tú lo hayas experimentado, y les hagas ver el error bajo el que viven, ellos te negarán, porque saben del tema más que tú, ya que lo han estudiado y tú no.

Te digo esto, porque cuando algo se construye a partir de la incomprensión, se hace siempre empleando la imaginación; y a partir de esto, las generaciones posteriores seguirán construyendo sobre esta base que en su origen fue cimentada sobre la imaginación. Es así como se crea y se perpetúa una mitología.

Desde que el mundo es mundo, la espiritualidad de la raza humana está basada en esto mismo: en la mitología. Y la mitología es el *din* o camino espiritual de los gentiles.

Y gentil es todo aquel que no ha adquirido la condición de *Yehudá*. El término gentil hace referencia a las gentes; a los pobladores del planeta; a la gente corriente.

¿Y qué es *Yehudá*? Pues *Yehudá* es un atributo, del cual nace un nombre. ¿Y qué es un atributo? Pues una cualidad que se posee. ¿Y qué es un nombre? Pues un nombre es una palabra que sirve para designar o para identificar algo y así diferenciarlo del resto.

Con el nombre Jacob, te voy a poner un ejemplo de lo que es un nombre nacido de una cualidad.

La palabra Jacob procede de la unión de *ya* (י) con *akob* (עָקֵב). Donde *akob* significa talón. Y según la versión oficial, en el momento del parto, su hermano mellizo Esaú, lo tenía asido por el talón.

Sin embargo, además de talón, la raíz *'eqeb* (ע-ק-ב), es la base de palabras que son traducidas como deshonesto, astuto, pillo y tramposo.

Palabras que son aplicadas a gente que hace tratos valiéndose de argucias y de engaños, cuyo propósito es timar a infelices o a desesperados.

Y naturalmente Jacob nunca pudo ser una persona deshonesta que se valiese de argucias, para engañar a un pobre padre ciego, suplantando la identidad de su hermano, ayudado de un disfraz, para recibir de él la primogenitura. ¿O me equivoco?

Claro que lo más normal y natural del mundo es que en los partos de mellizos y de gemelos, éstos salgan con las manos por delante, como si de un trampolín saltasen a la piscina del mundo, agarrando con la mano lo que se te pone por delante. Es alucinante.

Pero si Jacob no era el primogénito porque era el segundo nacido de los hijos mellizos de Isaac y de Rebeca, nunca pudo ser asido por el talón por su hermano Esaú, pues éste ya había salido al mundo antes que él. A no ser que el parto fuese de nalgas, y que los dos bebés hiciesen su aparición en este mundo con los pies por delante, y el primero de ellos con al menos una de sus manos por encima de su cabeza.

¿Sabes? Si alguna vez inventas una historia que no vaya destinada a estúpidos, ten en cuenta que ésta sea verosímil.

Si Esaú despreció su primogenitura a cambio de un estofado de lentejas, ¿por qué montó en cólera y juró matar a su hermano Jacob? ¿Por qué el disfraz de Jacob? En un trato limpio ambas partes están de acuerdo y no cabe impostura.

Para llevar a cabo sus propósitos, una persona honesta ni se disfraza ni se hace pasar por nadie, a no ser que sea para salvaguardar la propia vida. ¿Y qué clase de persona se vale de argucias para engañar a un pobre padre anciano y prácticamente ciego, con el objeto de cometer una ilegalidad «legal» para ponerse por encima de toda la familia y obtener además una doble porción de la herencia?

Pero claro, Jacob significa «asido por el talón». Y es que interesa que la masa forestal destinada a leña, asocie con un talón a quien terminó por llamarse Israel; en lugar de ser asociado a la pillería del astuto tramposo que se enriquece haciendo tratos cimentados en argucias y en engaños.

Te digo esto para que sepas que aunque hoy día estemos acostumbrados a llamar valiente a un cobarde, héroe a un canalla, excelencia a un criminal, o majestad a un ladrón, el nombre siempre ha servido para designar una cualidad de lo que se es. Y cuando dejas de ser lo que eres para ser otra cosa, tu nombre cambia, tal como le ocurrió a Jacob, que pasó a llamarse Israel, o a Amín, que pasó a llamarse Muhammad.

Pero ahora no voy a hablarte del significado de Israel, ni de Muhammad, sino de *Yehudá*, que es el nombre que recibió uno de los hijos de Israel, y es de lo que te estaba hablando antes.

Yehudá es una palabra que sirve para designar a todo aquel que ha adquirido una condición espiritual determinada.

¿Sabes qué es el Tetragrámmaton? Pues el Tetragrámmaton es una palabra compuesta por cuatro letras, que representa el nombre de Aquello que no tiene nombre, y que millones de personas han decidido asociar con un Dios.

Y la palabra *Yahudah* lleva en su nombre estas cuatro letras יהוה que componen el tetragrámmaton.

Pero en lugar de pronunciar *Yahudah*, con *a* y acabado en *h*, pronuncio *Yehudá*, que me gusta más.

Te recuerdo una vez más, que te estoy hablando desde la realidad que se percibe bajo la óptica A, no bajo la óptica B.

Cuando te hablo de *Yehudá* como condición espiritual, me refiero a los *Yehudá* A, no a los *yehudá* B. De estos no voy a hablar aquí, pues la condición de *yehudá* del mundo de la órbita B, no es espiritual, sino material, que es asociada hacia lo espiritual; un *yehudá* B adquiere su condición vía genética por parte de madre; son una étnia, tal como puede serlo la raza aria, o como puede serlo un clan tribal, cuyos miembros persiguen los mismos intereses. Se llaman a sí mismos *yehudá*, y ninguno de ellos re-Conoce el Absoluto. Para mí, esto de espiritualidad con E mayúscula tiene poco. Así que yo no voy a hablar de ellos, sino de los *Yehudá* A; esos que desde el comienzo de los tiempos están presentes en toda comunidad, diseminados por todo el mundo, que no se conocen entre sí, pero que Existe una «Amistad» común a todos ellos. Estos son lo que se conoce como «pueblo elegido»; lo demás es una impostura perpetrada por quienes financiaron y continúan financiando el fascismo en el planeta.

Los *yehudá* B, hacen su vida bajo el mundo B de la Jerusalem B. Los *Yehudá* A, además de existir en el mundo B, poseen la consciencia de Existencia en la Realidad A, es decir, poseen la Consciencia de Existir en la *IeruSalam*, y ya que su condición es espiritual, no tienen por qué ser reconocidos como *yehudá* B, cuya condición es genética o étnica.

Jerusalem es *IeruSalam*; significa la Casa del *Salam*. La casa del *salam* de este mundo mundano está hecha de tierra, de piedras y de materia; y es una representación gráfica en 3D cuyo objetivo inicial fue el de simbolizar, a la manera de un monumento, la *IeruSalam* de la cara A, pero que al fin y al cabo, ha acabado convirtiéndose en un codiciado objeto de culto y peregrinación para idolátras asociadores y seres mundanos habitantes de este mundo material del *dunya*.

Y si hubiere quien se ofendiere, que piense un poquito de dónde procede su ofensa, y que se haga la siguiente pregunta: ¿Cuando ha conocido la paz esta casa de la paz, del sosiego o de la tranquilidad? ¿Acaso no has pensado que la guerra vive allí desde que Dios existe?

Amigo: la *ierusalam* del *Rex Mundi*, aunque se llame casa de la paz, es un lugar espiritualmente orientado hacia la imagen mental de un Dios y hacia la materia, donde hay todo lo contrario a la paz. ¿No tienes ojos? No hace falta ser muy inteligente para darse cuenta de que más que casa de la paz es casa de la guerra.

La misma palabra Tierra Santa nos está hablando de una espiritualidad orientada hacia la tierra; hacia la materia. Lo que llaman Tierra Santa o Tierra Prometida, ni es de tierra, ni pertenece al mundo B que habitan los gentiles. Ellos buscan la Casa del *Salam*; la Morada de *Allah*, pero lo único que tienen son dos cosas: este mundo y su mundo imaginario.

Ni la *IeruSalam* prometida, ni la *Kaaba de Allah* están al alcance del *kafirún*. Ellos tienen la entrada vedada, porque además de tener tapados y sellados sus centros sutiles, están inmersos en su mundo mundano de materia, que en su honor ha sido especialmente engalanado. Están en su órbita; la órbita de sus guerras incesantes en su casa de la paz; órbita que les corresponde. Beben agua hirviendo porque ellos mismos escogen que el acceso al Manantial permanezca sellado.

La *IeruSalam* A no es un lugar físico de materia. Ni es de tierra, ni es una ciudad ni es un edificio, ni nada de este mundo transitorio.

A lo largo de los siglos, los míos y yo hemos sido custodios del Secreto de la Casa del *Salam*. Donde reside La Vida Eterna. Y siempre lo hemos hecho desde el ocultamiento; sometidos bajo disciplina de anonimato y de clandestinidad. Sabiendo lo que sabemos y siendo lo que Somos. No se nos ve. Procuramos ser invisibles e impecables. Por esto mismo, a lo largo de la historia, nuestro Conocimiento ha logrado escapar varias veces a su cerco.

Pero mira por donde, el plan parece que se les ha torcido a los discípulos del *Rex Mundi*, pues aún quedamos con vida unos cuantos de los míos, y ya hace un tiempo que comenzamos a levantar muertos.

¿Cómo evitar que los seres humanos despierten a la Realidad Absoluta y descubran la impostura y el negocio de estos tramposos? Pues una vez más, dictarán la orden de exterminio de quienes conocemos el Secreto. ¿Y qué ocurre si el Secreto acaba por conocerlo la humanidad entera? Pues una vez más, dictarán la orden de exterminio de quienes conocemos el Secreto. Así ha sido siempre, y no entiendo por qué ha de ser ahora diferente, y más con el acuerdo que acaban de firmar con el inconsciente colectivo sobre catástrofes naturales y desastres en torno a 2012.

A lo largo de la historia siempre hemos sido personas aparentemente corrientes; personas honradas, honestas y trabajadoras que hemos sido escogidas, no por ser hijos de nadie, sino por nuestros nombres: lo que cada uno somos. Y lamentablemente hoy día las personas excepcionales están prácticamente extinguidas. Esto no es algo que se compre con dinero. Se compra con la vida. Y el precio es disponer de buena materia prima y someterla a una vida de esfuerzo, de trabajo y de sacrificio. A diferencia de los reyes de la *ierusalam* B, de la espiritualidad de la mente y la materia, a nosotros no se nos mide por nuestro linaje familiar, sino por nuestras excepcionales cualidades. A lo largo de los siglos los de nuestra casta hemos ido encarnando, siempre protegidos bajo ocultamiento, en diferentes familias. Estamos dispersos en todos los estratos de la sociedad, en todas las sociedades del planeta. Algunos nos conocemos. Otros no.

— Perdona, quiero hacerte una pregunta. Antes me has definido lo que es un Yehudá A, pero ¿me puedes explicar qué diferencia existe entre un yehudá B y un gentil?

Ninguna. Los *yehudá* B, ¿Conocen o re-Conocen la Realidad Absoluta? Si la conociesen, serían A, no B. Como no tienen adquirida la condición espiritual de *Yehudá*, no son más que gentiles que por el mero hecho de seguir la tradición de sus ancestros (mente) y pertenecer a una linea genética determinada (materia), que han decidido llamarse a sí mismos *yehudá*, y llaman gentiles a quienes no piensan como ellos, ni siguen el camino que ellos siguen.

Sin embargo la palabra *Yehudá* significa «aquel que re-Conoce el Absoluto». Si no has tenido esa Experiencia, no entras dentro de la definición, con lo cual, aunque tu ego desee identificarse con eso, eres cualquier cosa menos eso. Es así de simple. Eres lo que haces.

El mundo B es el mundo de la impostura, de los engañados, y de los ritos fariséicos; es el mundo de la asociación y de la espiritualidad orientada a los ritos del mundo de la mente, de la materia, de lo simbólico y en general de lo mundano.

Es más, a partir de ahora ya no diré más *yehudá* B, y cuando diga la palabra *Yehudá*, me referiré sólo a quienes son merecedores de portar esta palabra; a quienes han adquirido dicha condición espiritual, no mental, ni genética, ni de raza, ni familiar al más puro estilo Corleone.

Quienes no la han adquirido, por mucho que quieran atribuírsela por el simple hecho de ser descendientes de quienes descienden de gentes que en su día la adquirieron, no los convierten en lo que no son. Así que los *Yehudá* son *Yehudá* y los gentiles gentiles.

— Entonces ¿Se puede ser cristiano o musulmán, y ser un Yehudá?

Vamos a ver, ¿qué te crees tú que soy yo? ¿Se puede ser cristiano y re-Conocer el Absoluto? ¿Se puede ser musulmán y re-Conocer el Absoluto? ¿No te das cuenta de que lo que es ser un *Yehudá* no implica para nada el mundo de la mente y de las creencias? Es una condición espiritual. Hablo de algo de lo que han emanado subproductos y religiones de la mente especialmente indicadas para los gentiles; para que guerreen y se maten entre ellos recreando los infiernos que sólo ellos saben perpetuar. Llevan milenios matándose por causa del trastorno esquizofrénico no diagnosticado que padecen. Es el mal endémico del ser humáno. La mitología es su mundo. Se puede ser un *Yehudá* y ser cualquier cosa menos un *kafir*, pues para adquirir la condición de *Yehudá*, previamente habrás de romper los sellos que te impiden re-Conocer el Absoluto. El *Yehudá* es el musulmán Realizado. Prueba a llamar gentil a un sellado que presuma de ser *yehudá*, o llama *kafir* a un sellado que presume de musulmán. Ya verás lo que te pasa. El mundo está de pena. Está todo al revés. Creen que son lo que no son y que no son lo que son.

El fuego del infierno es imposible de apagar. Quien trata de apagarlo acaba consumido por sus llamas. Si lo que quieres es no experimentarlo en tus carnes, identifícalo y apártate de él. Déjalos en su mundo, pues no tienen remedio y han nacido para aquello a lo que van destinados.

Mira si es tan burda la impostura de la realidad B, que al no estar los sellos o precintos rotos, el centro sutil ubicado en la corona, conocido también como *chakra sahasrara*, no ha sido aún iniciado, y en lugar de eso, pasa a ser emulado o representado simbólicamente por una corona de metal con la que los gentiles coronan sus cabezas, y son proclamados reyes ante quienes son como ellos.

Para que me entiendas mejor, imagina un hornillo de gas butano de esos que te llevas cuando vas de acampada. El hornillo permanece apagado hasta que lo enciendes. Su aspecto difiere de estar apagado a estar encendido, ¿no? Cuando está encendido ves claramente cómo las llamas coronan el círculo por donde sale el gas. Y cuando está apagado, no hay corona porque el fuego no ha sido aún iniciado. Pero, ¿qué ocurre si nosotros, impotentes por no saber cómo se inicia el fuego, nos fabricamos unas llamas de metal que representan el fuego, y decidimos coronar el hornillo con nuestra corona de metal, para así calentar nuestros alimentos con estas llamas? Parece esquizofrénico, pero es esquizofrénico. Esta es la impostura del mundo B. Hipócritas convencidos de ser lo que no son, que empleando burdos rituales, coronan sus cabezas con objetos muertos, habiendo perdido, con el paso de los siglos, todo el sentido original de por qué se hace esto. Son perfectos embajadores del rey de este mundo, o realidad B; son los reyes de las gentes de su casta.

¿Cómo crees tú que se inició el sistema de castas de la India, ahora putrefacto? Los Brahmanes habían Experimentado en Sí el *Brahmán*, o Absoluto. Ellos poseían la ciencia de la rotura de los sellos y del manejo de las ruedas de energía o centros sutiles, que en sánscrito denominaron *chakras*. Y quien pertenece a la casta de los Brahmanes, necesariamente ha debido Experimentar lo que se Experimenta para obtener dicho grado.

Sin embargo, los hijos de los Brahmanes, si no han alcanzado la condición espiritual de Brahmán, no pertenecen a la casta de sus padres. Así que siendo hijos de quienes son, jamás pertenecerán a la casta de los Brahmanes hasta que no sean merecedores de ello. Aunque, la verdad sea dicha, los hijos de Brahmanes tienen más fácil el acceso a esta casta que quienes no tienen padres Brahmanes, pues la escuela la tienen en casa. Tal como ocurrió con Abraham y con su hijo primogénito. Por favor te pido, que más adelante, cuando te hable sobre el Cordero, me recuerdes que te cuente la historia de estos dos.

Se puede ser blanco, se puede ser negro, se puede ser pobre, o ser un esclavo, y pertenecer a la casta de los Brahmanes. O como en mi caso, ser hijo de esclavo y de mujer honrada de quien te puedes fiar plenamente, ambos gentiles, y ser uno de los Brahmanes que hoy andamos funcionando por este planeta.

Así que da igual que las llamas representadas sean de oro, de plomo, o de cartón; quien pretende gobernar coronando su cabeza con una corona apagada, es como quien pretende tener hijos con una muñeca hinchable.

Olvídate del oro si lo que quieres es Coronar tu cabeza, pues esto no se consigue con chatarra, sino con la apertura de la séptima de las cerraduras, que sólamente puede ser abierta por la séptima de las llaves. Y la séptima llave no la tiene cualquiera.

En cuanto al ejemplo que te he puesto del hornillo de butano, créeme que difiere bien poco de la realidad.

Enderezar todo esto va para unos cuantos años. Pero ahí está *Yibril*, experto en enderezar lo torcido.

— Entonces, si el mundo B es un mundo de impostura, de hipócritas, de engañados y de gentes que creen que son lo que

no son, y todos ellos están precintados, apenas habrá Yehudás y Brahmanes verdaderos en el planeta, ¿no?

En proporción, prácticamente no. Todo el mundo tiene los precintos intactos. Para cada época de este planeta, hay un número mínimo fijo de nosotros que ha de mantenerse, pues si este número descendiera, el desequilibrio sería aún mayor en favor de las fuerzas leales al *Rex Mundi*. Cuantos más seamos, más posibilidades de desterrar la inconsciencia e instaurar la justicia en este mundo de locos. Por eso van a por nosotros. Somos los causantes del fin de su mundo; para ellos somos la causa del fin del mundo.

Y el fin de su mundo está a las puertas. Las señales son evidentes. Quedan veinticinco días para el primer eclipse, que es lunar, y el próximo 11 de Septiembre, será el segundo, que es solar.

Te explico por qué digo esto. Una de las profecías de Muhammad sobre estos tiempos que vivimos, ha sido interpretada como que habrá un eclipse de luna la primera noche del mes de Ramadán, y un eclipse de sol, justo a la mitad de ese mes. Sin embargo, el Ramadán este año comienza el 13 de Septiembre. ¿Cómo van a ser estos dos eclipses, eclipses a los que la profecía se refiere, si son anteriores al 13 de Septiembre?

Si por ejemplo yo vivo en el siglo VII, y te digo que el eclipse de sol ocurrirá cuando el sol, la luna y saturno se reúnan en virgo, júpiter y plutón lo hagan en sagitario, marte esté en géminis, mercurio en libra, venus en leo, urano en piscis, y neptuno en acuario. ¿Qué fecha islámica es esta? Evidentemente, sabrás el momento exacto en que esto se produce, pero para transmitir esta información al común de la gente, habrás de traducir el momento de este evento, a una fecha concreta del calendario.

Y aquí es donde quería yo llegar.

¿Sabías que el Calendario Islámico, es un calendario en el que en cada periodo de 30 años se produce un desfase por exceso, de 16 minutos y 48 segundos?

¿Sabes lo que esto significa? Pues significa que en el intervalo de tiempo que va desde el año 622 (primero de la Héjira), hasta el año 2007 (1428 de la Héjira), este espacio de tiempo ha acumulado la cantidad de 16´66 días.

Así pues, si vives en la época de Muhammad, cuando traduzcas este evento astronómico a una fecha de tu calendario, ese desfase de dieciséis días, te lleva a ver que el Ramadán comienza el 28 de Agosto, con un eclipse de luna, y justo en su mitad, el 11 de Septiembre, se produce un eclipse de sol.

Y quien no ve esto es porque tiene los ojos vendados, o simplemente no quiere verlo. Las señales están ahí y el proceso es imparable.

Es el fin de su mundo y el comienzo de la percepción consciente de un Mundo Nuevo, Eterno e Inmutable, que supone la disolución del mundo ilusorio que durante milenios ha servido de prisión al ser humano.

No pienses que el fin del mundo es la destrucción de este planeta. Este mundo de materia no va a desaparecer. Se va a descorrer una espesa cortina para abrir la ventana que estaba oculta, a través de la cual se percibe la Única Realidad. Esto es el fin del mundo: la disolución del *dunya* en el Absoluto, a voluntad. Y tal como ocurre con el nacimiento y con la muerte, es una experiencia individual. Nadie lo puede hacer por ti. No esperes que alguien haga tu trabajo. Si tú no deseas hacerlo, ¿cómo va a desearlo otro? Tu trabajo es tuyo y sólo tuyo. Y esto es lo convenido; es la esencia de la Alianza entre lo creado y su Creador.

Los humanos de esta etapa son muy malos estudiantes. Llevan milenios repitiendo el mismo curso, y siempre actúan bajo un mismo patrón. Ellos esperan mesías salvadores, y cuando de verdad les llega el mesías que tanto han anhelado, y por quien tanto han suplicado, lo rechazan porque están locos. Los gentiles rechazan de pleno todo aquello que vaya en contra de los parámetros de su locura. Y estos parámetros han sido establecidos por el mundo de creencias bajo el que todos ellos hacen sus vidas.

Puedes tener oro en tu mano, que si nunca has visto el oro, y eso que tienes en tu mano choca con el concepto que te has forjado sobre el oro, pobre asociador, ten por seguro que eso que tienes ante tus ojos no es oro, sino chatarra. Aunque realmente sea oro. Sólo quien conoce el oro es digno de distinguir el oro de la chatarra. Por esto mismo no reconocen a ningún Ungido. Su ceguera es nuestra mayor protección. Así ha sido perpetuado este Conocimiento, y así lo seguirá siendo cuando éste vuelva a perderse en el próximo ciclo.

El parásito que infecta las mentes de la gran mayoría de gentiles, hace que todos ellos se encuentren sumidos en un gran engaño, viviendo una falsa realidad que es percibida como cierta. Viven bajo los efectos de una enfermedad mental aún no diagnosticada.

Esta enfermedad lleva milenios heredándose de padres a hijos, como si de un virus informático se tratase. Es la herramienta preferida de *Iblis* para desviar al ser humano del Pacto.

Creyeron haber puesto remedio cuando cambiaron trescientos sesenta ídolos por uno sólo. Y eso que se les dijo que no hay ídolos. Pero no comprendieron el mensaje, pues el efecto de la enfermedad siempre está por encima de cualquier cosa.

Mientras afirman no idolatrar, se mienten a sí mismos, y ni ellos mismos lo saben. Se encolerizan cuando se blasfema contra cualquiera de sus ídolos. Y no son conscientes de que proyectan sus miserias y sus complejos, sobre la imagen de un dios único que forjaron en sus mentes, que para nada tiene que ver con la Realidad Absoluta.

Son el escalón más bajo de la escalera que forma la comunidad, y sin embargo, presumen de que la comunidad les pertenece. Poseen su copyright; y alardean de universalidad. ¿Desde cuando la universalidad debe cumprir los patrones de la particular percepción de la realidad, ajustada al *maqâm* que posee esta masa que orbita en los primeros peldaños de esta escalera que es el Sulam?

Los demás, hemos sido condenados por estos fascistas intolerantes e intransigentes, a percibir el Islam como lo perciben ellos. Es normal, hay que respetarlos. Respetar su manera de ver el mundo, haciendo lo que ellos hacen, y no haciendo lo que uno tiene que hacer, por si esto pudiera ofenderles. Siendo ellos precisamente la ofensa más grave al Convenio.

No tienen solución. Están tan cerrados como su Corán, cuya primera sura permanece sellada, y con ella el resto de lo que sigue. El Corán fue hecho para liberación de la humanidad, no para su esclavitud.

Piden respeto, y no respetan. ¿Y qué es el respeto? Me río cuando alguien me dice que si hago tal cosa, lo ofendo o le falto el respeto. Me tengo que reir. Tengo que coaccionar o coartar mi libertad, porque a alguien le molesta lo que hago. Me parece alucinante.

No se te permite expresarte, porque tu expresión ofende. Estás coaccionado a actuar bajo las reglas de quienes se ofenden. Y eso es respetarlos. Hacer lo que ellos quieren. No hay mayor acto de egoismo, que alimentar tu ego a costa de limitar cómo han de ser los actos de los demás. Como no juegues con su baraja, les estás faltando el respeto.

El respeto y la ofensa están íntimamente ligados. Pero es que la ofensa, está íntimamente ligada a la necedad. La ofensa es directamente proporcional al tamaño del ego del ofendido. Cuanto más grande es la ofensa, más grande es el ego de quien se ofende.

Lo que esta gente llama falta de respeto y lo que ellos llaman una ofensa, son dos de las características de esta enfermedad que pilota las mentes del cáncer que lleva milenios ocupando este planeta. Y la enfermedad se llama *Shaitán*.

La Realidad Absoluta no es susceptible de ser ofendida, pues dista de ser un ego. Entonces, te has parado a pensar ¿por qué tú te ofendes cuando «ofenden lo sagrado»? Te lo digo yo. Te ofendes porque se está ofendiendo tu propio ego proyectado en esa imagen mental que tú te has hecho del Absoluto; que tú asocias al Absoluto.

Los enfermos consideran el remedio a su enfermedad, como una falta de respeto. ¿Por qué crees que piensan eso? Porque se identifican con la enfermedad. Porque la enfermedad es su modo de vida, y es la razón de su existencia. Y sin la enfermedad, sus egos, o sea, lo que ellos creen que son, no son nada. Son como los actores que, de tanto representar el mismo papel, se identifican tanto con los personajes, que han olvidado completamente lo que son. Y se ofenden con quien les es llegado a darles una explicación de que en realidad son actores con amnesia, interpretando un determinado rol. Son hipócritas al servicio del *Shaitán*, mientras presumen de ser todo lo contrario.

Si quemo un libro de esos que ellos consideran sagrado, millones de personas se ofenden, hasta tal punto, que se atreverían a darme muerte, como castigo por ello.

¿Qué saben ellos qué es lo sagrado? Lo sagrado no existe. Lo sagrado forma parte de la locura que habita en las mentes de corte fariséico. Lo sagrado es un síntoma de la enfermedad mental del ser humano. Sólo existe *Allah*, y no tiene nada que ver con el concepto de lo sagrado que ellos asocian.

¿Qué tiene de sagrado un libro? ¿Sagrado porque la obra ha sido inspirada por el propio Creador? Más que ese libro, es el agua que beben, pues el libro nació de mano humana, y no así el agua. Y ellos la ensucian, la derrochan y la desprecian, sin saber lo que hacen. Se ofenden cuando quemas un libro, y no se ofenden cuando ellos profanan el agua, el aire o la tierra.

Creen estar cuerdos, pero el resultado de sus actos evidencia lo que son. Eres lo que haces. Es así de simple.

Imagínate que tú decides regalarme por mi cumpleaños una pintura hecha por ti; y con todo el amor del mundo, pintas ese cuadro, y en él predomina un color, que mi mente me dice que es impuro. En el momento en que yo vea el cuadro, te diré que tu cuadro no me gusta nada, y que no deseo un regalo tan sucio.

Cuando declaras que algo es sucio, es impuro, o es malo, puedes estár hiriendo u ofendiendo a quien lo ha creado.

¿Y quién es uno para decir que el Creador se equivoca? No nos damos cuenta. Porque estamos limitados. Él sabe lo que nosotros, sus criaturas, no sabemos. La creación es la creación y es lo que hay. Por otro lado, el Absoluto no es susceptible de ofensa. Simplemente Existe, y lo que no debe ser creado, no ha sido creado. Y ya está. Y si te molesta lo creado, piensa por qué te molesta, y por qué el Creador permite que exista eso que tanto te molesta y que va en contra de tu ego.

Quien comprende qué es el respeto, comprende qué es ser juez sin ser verdugo.

La blasfemia tampoco existe. La blasfemia es uno más de los síntomas de esta enfermedad; es algo propio de una humanidad de parvulario que proyecta su ego hacia el ídolo físico o mental que ellos asocian con lo sagrado. Porque estos libros que los asociadores consideran sagrados, para ellos son ídolos físicos, aunque se nieguen a reconocerlo. No son conscientes de que un libro no es más que una simple herramienta, como lo puede ser una llave inglesa, o un destornillador. No es más que una guía para todos aquellos que no conocen la guía interior, y necesitan ser guiados mediante una guía exterior a ellos. ¿Necesita el honrado que le digan no robarás? Las instrucciones de los manuales de instrucciones van destinadas hacia un determinado sector del público.

Otra cosa: abrazar la fe, o ser converso. Me encanta esto. No deja de pertenecer al mismo trastorno, en otra de sus tantas modalidades.

El ego o falsa identidad, continúa vagando en la órbita de las creencias, y abraza otra serie de creencias, mutando, y convirtiéndose en «otro ego». La persona adquiere otra falsa identidad, con la que se siente identificado.

La conversión no es más que la conversión del ego, que deja de identificarse con unas creencias anteriores, para ahora identificarse con unas creencias posteriores.

Y las creencias ni son válidas, ni son inválidas. Sólo son creencias. Son el mecanismo de sujección de los seres lunares a su órbita. Seres lunares, que con sus preceptos tratan de condicionar la percepción de la realidad de todo ser no contaminado con la droga lunar a la que ellos son adictos.

La creencia nubla la mente de tal manera, que condiciona el modo de percepción de la realidad, y no te permite percibir la simpleza y la elementalidad de ésta. Ellos tienen su mente nublada por la droga a la que sus padres los engancharon al poco de nacer.

Cuando crees, creas. El planeta entero está enfermo porque ha sido creado en base a la falsedad que emana del culto lunar. Y todos están en la convención mental de que lo falso es verdadero.

¿Crees tú que estos ciegos quieren ver? ¿crees que estos ciegos están dispuestos a renunciar a su mundo? ¿crees tú que estos drogadictos pueden desengancharse de su droga?

Es inútil hacer que los sordos oigan y que los ciegos vean si no es esa su voluntad.

Jamás trates de convencer a nadie. Es inútil. Estos ciegos no razonan. Viven bajo obediencia ciega hacia lo que su manual de instrucciones ordena, sin ser conscientes de las repercusiones de sus actos.

Todos ellos, en las diferentes religiones de la mente, se mueven en la misma órbita. Son consumidores de una misma droga, bajo diferentes aspectos.

Es así de simple. Y al que no le guste, que se compre un paraguas.

— ¿No crees que con ese lenguaje aparentemente insultante, perderías credibilidad?

No considero insultar el llamar drogadicto a un drogadicto, aunque su droga provenga de la mente. Respecto a la credibilidad, te diré que no necesito credibilidad ninguna. La credibilidad es la causa de la eliminación de la capacidad de discernimiento en el ser humano. El ser humano actual no es capaz de discernir si algo es bueno o es malo para él. Necesita que existan personas creíbles que se lo digan. Para qué te vas a molestar en discernir, si ya lo hacen otros por ti. Desde que naces se te ha enseñado lo que está bien y lo que está mal. Y desde mediados del siglo pasado, la fabricación de inútiles en serie que se guían por lo que les dice una estúpida pantalla que no para de decir mentiras, es un hecho consumado.

La credibilidad es sólo para aquellos que necesitan ser creídos, y yo no necesito ser creído. Yo expongo, y punto. No hablo para crédulos. Que cada cual experimente y saque sus propias conclusiones al respecto.

Así que lo creas o no, lo que para otros es increíble, para mí es creíble, y lo que para otros es imposible, para mí es posible. El resto ha escogido no poder. Debido a su grado de credibilidad hacia los catalizadores de su limitación, han elegido inconscientemente vivir encerrados en una jaula mental. Han formado y sellado un acuerdo en su mente que les lleva a hacer imposible lo posible y les impide hacer posible lo imposible.

— La fe tiene que ver con esto, ¿no?

Tú lo has dicho. Sólo mediante la fe, haces posible lo imposible. Lo demás es esquizofrenia.

La fe es como una nave que flota el espacio. Has de confiar plenamente. Como la nave tenga un agujero, la misión espacial se va al traste. Pues como la fe tenga un agujero, aquello que saldrá como confías, quizás no salga como confías.

Si sus primeros padres vieran la evolución espiritual de sus descendientes; de estos que presumen de «fe de nuestros padres», se quedarían pasmados de cómo ha degenerado la cosa. Pasmados. Sería algo así como una deshonra. Como una hipocresía. Porque esta espiritualidad lunar que invade el mundo, nada tiene que ver con la espiritualidad de los primeros padres de la raza humana. Pero de eso ahora ya nada se sabe.

— Perdona. Me estás hablado del culto lunar y de los seres lunares que pueblan el planeta, y antes de hablarme sobre el kafirún, me dijiste que me ibas a explicar qué era esto del culto lunar, y todavía no lo has hecho. Si no te importa, antes de proseguir, ¿podrías contarme de qué va esto?

Claro hombre. Gracias por recordármelo. Son tantas cosas, que esto se me había ido por completo de la cabeza.

Cuando estoy hablando de seres lunares, me estoy refiriendo al colectivo que orbitan en la órbita del culto lunar. ¿Y qué es el culto lunar?

¿Qué es la luna? Pues la luna es el sol de quien no conoce el sol. Así pues los seres lunares llaman sol a la luna y día a la noche. La penumbra es su luz.

Y ocurre a veces que cuando uno de estos seres lunares consigue percibir el sol, lo que está haciendo es producir un eclipse, pues en ese momento hace que sol y luna están reunidos; quedando él cegado; conmocionado por el impacto de lo que está percibiendo.

Una vez descubres el sol, quedas «tocado», y el salto de órbita es inevitable. Este mundo se te queda corto; queda disuelto en una Realidad que lo engloba. Ya no queda donde ir, sino Allí donde Mora tu *Rabb*. La fugaz vida de este mundo, que lo es todo para quienes hacen sus vidas en la espera de que algún día la muerte les alcance, no es nada para quienes miran a su *Rabb* cara a Cara, ya que saben vencer a la muerte y nada tienen que temer, pues dieron con el Refugio.

Pero como estoy viendo la cara que estás poniendo, voy a explicarte qué es la luna y qué es el sol, para que así puedas entender esto que te digo. La luna es la espiritualidad de la cara B, y el sol es la espiritualidad de la cara A.

¿Tiene la luna luz propia? Si la luna no tiene luz propia, ¿por qué así lo parece? Porque la luna es un espejo.

La luz de la luna no es más que el reflejo de la luz del sol. Pero quien no conoce el sol, está convencido de que la luna posee luz propia; y de que eso es la luz, pues es la única luz que él conoce.

El culto lunar es el culto del espejismo; del reflejo. La luz lunar es una distorsión invertida en un espejo mal pulido, de la luz solar.

Te digo esto porque la espiritualidad B, que se corresponde con lo terrenal, es un reflejo de la espiritualidad A, que se corresponde con lo celestial.

Así pues, a lo largo de la historia, se han ido construyendo objetos físicos o materiales, que son mapas o maquetas, cuyo objeto es simbolizar todo lo que procede de la órbita A; cosa en realidad imposible de representar, pues no hay palabras para explicar qué es el Absoluto. Y la finalidad de estas representaciones simbólicas era que esa sabiduría no se perdiese con el transcurso del tiempo.

Y he matizado con cosa imposible de representar, porque antes de seguir, voy a plantearte lo siguiente: si yo pertenezco a la generación A, y les transmito a las personas de mi generación A, la idea de que esto es «imposible de representar», y esta generación A, pasa este conocimiento a una generación B, como que esto «no se puede representar», y esta generación B, transmite este conocimiento a una generación C, como que «esto no puede ser representado», y esta generación C, ausente totalmente del sentido original, y apegándose a uno de los matices semánticos de la literalidad de la frase, lo entienden tal como se entiende la frase «usted no puede pasar», siendo transmitido a una generación D, bajo la forma «esto no tiene que ser representado», sin duda, cuando pasen cuatro generaciones más, el sentido de la frase será «queda totalmente prohibido ser representado». Esto es lo que explica que existan tarados mentales que presuman de ser musulmanes ejemplares, mientras dinamitan arte milenario que en su día quiso ser un monumento o representación simbólica en este mundo B, sobre ciertos aspectos relativos al acceso hacia el mundo A.

Pero voy con lo que iba. Estos objetos físicos de los que te hablaba son fetiches, maquetas o mapas. Ejemplos de ellos: la

Kaaba, el Arca de la Alianza, el Templo de Salomón, Jerusalem, la Tierra Prometida, el óleo para ungir, la corona que llevan los reyes, o el buda, con su tercer ojo. Todas estas representaciones físicas pertenecen a la órbita de la espiritualidad B, y tienen su correspondencia con elementos pertenecientes a la órbita de la espiritualidad A.

El gran problema de esta humanidad de asociadores inmersos en el culto lunar, es que con el paso de las generaciones, aunque mas bien diría, con el paso de las degeneraciones, se ha llegado a confundir el símbolo material y físico, con lo que éste está simbolizando, hasta el punto de que la realidad que perciben es una realidad consolidada e indiscutible, descuidando la Realidad, en favor de su emulación simbólica. Y diles tú que están en un error, y verás como te miran.

Hace un rato formulaba la pregunta de si la luna tiene luz propia. Ahora digo, ¿tiene el sol luz propia? Pues sí, mira por donde. El sol luce por sí solo. No necesita a otro para brillar.

Pues al igual que el sol brilla por sí mismo, el ser solar no necesita a nadie que lo ilumine; brilla con luz propia; su luz emana de él.

El ser lunar, en cambio, necesita la luz de otro; la luz que desprende un ser lunar es siempre el reflejo de la luz emanada de un ser solar. El ser lunar necesita un profeta a imitar; un maestro a seguir; necesita ser guiado por la guía de otro. Necesita que le digan lo que tiene que hacer y cómo lo tiene que hacer. Su guía no procede de dentro, sino de fuera.

La espiritualidad de los seres lunares es una espiritualidad de manual de instrucciones. Los manuales de instrucciones recogen las interpretaciones, o reflejo, de la luz que emitieron enviados solares anteriores. Esta es la espiritualidad del ser humano de la etapa *kali yuga*; una espiritualidad estancada por causa de mentecatos carentes de fe, que jamás creyeron en sí mismos, y que durante siglos, tomando como base la incomprensión, han ido formulando «principios universales» al estilo de *«si el hombre pudiera volar, habría nacido con alas»* o *«hay que actuar conforme a lo que Dios manda»*. Mentecatos que en realidad nada saben sobre lo que ellos asocian con un Dios, y que han nacido para vivir apoyados en escrituras y en tradiciones que otros les transmitieron, pues el propósito de su existencia es la perpetuación del estancamiento y el desprecio más absoluto por la guía interna, en favor de lo que otro te dice que has de hacer, o guía externa. Mentecatos que nacieron para rodear sus cuellos con las cadenas mentales y los límites que decidieron adoptar de quienes son como ellos. Mentecatos que se ponen bajo las órdenes de otros mentecatos, que en la renuncia de sí mismos, jamás irán delante. Siempre estarán detrás. Condenados a estar sometidos a las órdenes que sus cánones y su escritura mandan; condenados a estar detrás de lo que las antinaturales normas mentales que su degenerada tradición les marca.

Nunca pueden ir delante porque no tienen lo que hay que tener para ser la locomotora del tren. No sirven para abrir camino. Por eso nunca están delante. Sólo sirven para andar por el camino que otros han trazado, pues no pasan de ser vagones que se dejan arrastrar por otros vagones como ellos.

Siempre eligen ir detrás. Vagos contrarios al *Yihad*, que se aprovechan del esfuerzo del que va delante abriendo camino. Gandules que renuncian a todo esfuerzo, propiciando la perpetuación del estancamiento bajo el que nacieron y bajo el que morirán.

Así que no se te ocurra intentar sacar de la órbita lunar a quien no está preparado, porque será inútil, pues entre ignorantes, jamás encontraras reconocimiento. No molestes a quien está a gusto como está, ni molestes a quien no se hace preguntas. Si es que tiene que hacérselas, ya se las hará a su tiempo. Ten por seguro que cuando esté preparado para dar el salto, lo dará. Y el salto hacia la órbita solar se produce siempre en solitario y cuando menos te lo esperas. Es un proceso interno. Esto es como enfrentarse a la muerte; no se necesita a nadie, y excepto cuando la buscas, te sobreviene cuando menos te lo esperas.

Y si alguien viera en ti un loco, mejor para él. Su percepción es resultado de su propia incomprensión. Y a través de ti, se le está presentando la oportunidad de percibir su propia ignorancia.

Y si alguien viera en ti un maestro, mejor para él. Está percibiendo su propia maestría, reflejada en ti. Y a través de ti, se le presenta la oportunidad de percibir su propia maestría.

Maestro no es quien enseña, sino de quien se aprende. Puedes ver un maestro en un niño. Puedes ver un maestro en la naturaleza. Puedes ver un maestro en todo. Maestro es todo aquello de lo que extraes tu sabiduría. Y tu sabiduría no viene de tu maestro. Tu sabiduría viene de tu interior. ¿Comprendes ahora dónde se oculta tu maestro?

El maestro no es más que el catalizador mediante el cual tú extraes tu sabiduría interior.

¿Te imaginas hace quinientos años cómo te miraría la persona a la que tú le contases que, gracias a las lineas aéreas, podrías desplazarte volando de una parte a otra del mundo, en menos de un día? Ver los ojos que pondría no se paga con nada; son cosas que no tienen precio.

Reconozco que a veces me gusta decir «disparates» de este tipo, para deleitarme contemplando la expresión de sus ojos. Es algo maravilloso. He de reconocer que me encanta la cara que ponen siempre que les adelantas algo para lo que no están todavía maduros. Y una vez dicho «el disparate», ya eres objeto miradas raras y de burla; ya no te escapas. Si quieres estar marcado como un bicho raro, y conocer de primera mano el rechazo social, sigue por esta linea de decir «disparates» ante quienes no están preparados.

Te recomiendo que sólo cuentes tu propia experiencia a quienes estén preparados para escucharla, por si les sirve de algo. Y sólo si van a ti, y te preguntan. No vayas por ahí siendo catalizador de rechazo, o de más apego hacia la ignorancia que conllevan ciertos posicionamientos, o trastornos de personalidad debidos a crisis de fe. Proporcionar lo valioso a quien no conoce el valor, es como quien siembra en mármol pulido, o regala una foto a un ciego o música a un sordo. Además de perder el tiempo, te estarás buscando problemas totalmente innecesarios. No eches perlas a los cerdos.

FES

SÁBADO 4 DE AGOSTO DE 2007

Ayer me quedé diciéndote que la guía lunar es una guía externa; no procede de dentro sino de fuera. Y del mismo modo en que el ciego necesita de un lazarillo para ser guiado, ellos son guiados siempre de la mano de otro, pues no conocen el sol de manera directa, sino una distorsión de su reflejo.

Por eso mismo no puedo ser sunní, porque la sunna es una guía externa.

— ¿No eres sunní?

No. Yo no soy sunní. Soy shía. Soy fatimí.

— ¿Y siendo el 90% de los musulmanes, sunníes, tú eres fatimí?

Cosas que ocurren en la vida. Ya te digo que mi guía no es la guía de ellos. Suena pretencioso lo que te voy a decir, pero la realidad es que puedo permitirme decir esto: ¿acaso sabe el noventa por ciento de los musulmanes lo que yo sé?

— La verdad es que suena bastante pretencioso.

Sé lo que estás pensando ahora mismo. Y puedo ver que percibes en mí una actitud soberbia, prepotente, arrogante, y de falta de respeto; piensas que me siento superior a ese noventa por ciento.

Evidentemente no existe nadie en el planeta que lo sepa todo, y ten la certeza de que por encima de ti y de mí, siempre hay alguien más preparado que tú y que yo, con lo cual automáticamente dejas de creerte superior.

Ahora bien, afirmar que cuatro es un numero mayor que cuarenta es mentir. Así como tratar de igualar el cuarenta al cuatro, es también falsear la realidad.

Cuatro es cuatro, y cuarenta es cuarenta. Y es así de simple y de cruel, aunque no le guste a más de uno, ni a más de 90. El resultado manda. Así que guste o disguste, es lo que hay.

Imagínate un edificio de cincuenta plantas, rodeado de edificios de diez plantas. Si yo estoy en la planta cuarenta del edificio, tengo una visión de la ciudad, diferente a quien está en la cuarta planta. Los habitantes de la cuarta planta no comprenden ni saben lo que hay más allá de estos edificios que tapan u obstruyen la visión que parte del edificio donde ellos hacen su vida. Se encuentran tapados o velados por estos edificios de diez plantas que tienen ante sus ojos. Desgraciadamente, la psicología humana hace que por sistema éstos habitantes de la cuarta planta, nieguen la visión de los habitantes de la planta cuarenta, ya que no conciben lo que pueda ser visto más allá de lo que ellos ven. Sólo se lo pueden imaginar. Y es lo que hacen: imaginan. Y conciben con la mente aquello que no conocen. Así que esto no trae unos resultados óptimos, que digamos. Trae el mundo irreal, mitológico y de fantasía en el que están inmersos los actuales habitantes de este planeta.

Solo un idiota se sentiría superior por tener una mayor capacidad de visión. Porque la capacidad de visión no te es otorgada así por las buenas. El *Rabb* dirige a quien Él quiere hacia donde Él quiere. Es la esencia del musulmán; de todo lo creado: toda criatura está sometida a su *Rabb*. Y el *Rabb* no es ajeno; no está fuera, sino en lo más profundo de cada ser.

Y todo tiene su por qué, aunque no lo comprendamos. En mi caso esta cualidad ha de ser puesta al servicio de aquellos que están a la altura mínima. Pero la gracia, o más bien la desgracia, es que en comparación con el total de habitantes del planeta, actualmente la cantidad de personas que están en condiciones de comprender la estructura y de romper los precintos que sellan sus centros sutiles, es ínfima. Las gentes de esta etapa *kali yuga*, como es habitual en ellos, seguirán muriendo sin haber comprendido nada, salvo quienes hayan logrado trascender su condición de *kafirun*. Sólo quienes, mientras haciendo *Suÿud* ante su *Rabb*, consigan desbloquear los sellos o precintos que cubren sus centros sutiles, sólo esos, serán la semilla de lo que después germinará.

Lo mires por donde lo mires, negar que se vive en la planta cuarenta es negar la realidad, y ellos niegan y rechazan todo aquello que no comprenden. Y por si pensaras que estoy equivocado, ¿cuál crees tú que puede ser la razón de que ninguno de ellos sepa lo que yo sé? ¿Cómo va a ser igual uno que sabe que noventa que no saben? Medítalo bien.

La palabra sunní, procede de la palabra sunna. Y el término sunna denota conducta.

Los sunnís siguen los pasos de Muhammad; su huella; su rastro; sus vivencias; tratan de seguir el modo de vida y la senda que él tomó.

Y quien sigue la senda, o los pasos de otro, sigue una guía externa; un modelo de conducta a imitar, que no procede de tu interior, sino de tu exterior.

Esa no es mi guía. Yo no concibo el Islam de este modo, pues así como en todo el universo no existen dos gotas de agua exactamente iguales, cada uno somos, a semejanza del Único, únicos, y vamos destinados a tener nuestras propias vivencias, acordes al propósito para el que hemos sido creados.

Así pues, mi guía no es externa; no procede de fuera. Mi guía sale de dentro y moldea el mundo. La guía de quien imita no sale de dentro, pues procede del mundo y moldea a la persona.

¿Ves la diferencia?

— Yo de mayor quiero ser como tú.

Quien renuncia a la guía, lo hace porque no sabe o no quiere guiarse; es más cómodo no hacer *yihad* y que te den un modelo de trabajo hecho con una meta inalcanzable, ¿verdad? ¿Para qué te vas a molestar en empezar a crear el lienzo más hermoso que jamás se ha pintado hasta ahora, pudiendo copiar lo que otro ya ha hecho, «sabiendo» que jamás podrás llegar a igualarlo, ni siquiera a superarlo?

El pilar esencial sobre el que la mala guía se sustenta, radica en el desprecio del Cristo interno de cada uno, en favor de un modelo externo a imitar, plagado de limitaciones «invisibles». Es el engaño mundial y la esencia anticrística por excelencia.

¿Vale lo mismo quien, para aprobar los exámenes, necesita copiar o guiarse por lo que está escrito, que quien, por propia experiencia conoce mejor que el profesor, lo que le están preguntando?

El cartero te trae una carta a tu nombre, dirigida personalmente hacia ti, y tú vas y la ignoras, deslumbrado y fascinado por él, por su vestimenta, por su vida y por sus circunstancias; olvidándote totalmente de que este hombre se ha molestado en ir hacia ti para traerte una carta que ni siquiera te has molestado en leer.

Todos. Absolutamente todos, a lo largo de la historia, han quedado hipnotizados y fascinados con los carteros y con sus vidas. Pero ¿cuántos reparan en el contenido de las cartas?

Todos los carteros han traido el mismo mensaje, adaptado al público hacia el que va destinado.

Te voy a contar una historia sobre cuatro mensajeros que portaban el mismo mensaje, sin embargo transmitieron de manera diferente su legado.

El primer mensajero transmitió el mensaje, y además enseñó la escritura para dejar su legado a generaciones posteriores, hasta la llegada del siguiente mensajero.

Cuando no sabes escribir, te enseñan a hacer las letras como si fuesen dibujos; a base de unir puntitos. Así que el primer mensajero trajo el mensaje y trajo la ciencia de cómo hacer los puntitos que servían de guía para elaborar las letras que plasmarían de forma escrita el mensaje.

Al principio, como si de un invasor extranjero se tratase, todos lo despreciaron y se enfrentaron a él, pues traía dos cosas que nadie conocía. Una el mensaje, y dos, la guía para elaborar el legado.

Tras su muerte y la muerte de los pocos que comprendieron el sentido del mensaje, éste se perdió; sin embargo, para quienes no lo conocían, no fue una pérdida relevante, pues evidentemente, adquirió más importancia aquello bajo lo que todos sucumbieron fascinados: la manera de registrar la información.

Quien fue despreciado en vida, tras su muerte acabó siendo alabado.

El segundo mensajero llegó cientos de años después, con el mismo mensaje, y con una nueva guía para la escritura: el sistema de hojas cuadriculadas.

Aquello fue un escándalo. La guía de hojas cuadriculadas chocaba contra la guía de puntitos establecida por el primer mensajero. Y todo el mundo estaba apegado al sistema de unir puntitos y se encontraba totalmente seducido por él.

Así que al igual que ocurrió con el primero, como si de otro invasor extranjero se tratase, este hombre fue considerado un blasfemo y un hereje, y todos sus contemporáneos lo despreciaron y se enfrentaron a él, pues traía dos cosas que nadie conocía. Una el mensaje, y dos, la guía para elaborar el legado.

La muerte de los pocos que comprendieron el sentido del mensaje, hizo que éste se perdiera; y una vez más, las generaciones siguientes sucumbieron fascinadas ante la manera de registrar la información.

Quien fue despreciado en vida, tras su muerte acabó siendo alabado. La historia se repite.

Tercer mensajero. Llega cientos de años después. ¿Qué trae éste? A ver si lo adivinas.

— El mismo mensaje y otra guía diferente.

Correcto. Este trajo la guía de una sola linea. Una sola linea horizontal frente a la cuadriculación de millones de mentes en que degeneró el legado del segundo mensajero.

Aquello era escandaloso. Querían cortarle la cabeza. La historia se repitió una vez más: como si de un invasor extranjero se tratase, todos sus contemporáneos lo despreciaron y se enfrentaron a él, pues traía dos cosas que nadie conocía. Una el mensaje, y dos, la guía para elaborar el legado.

Y de nuevo, vuelta al eterno bucle de esta penosa humanidad: la muerte de los pocos que comprendieron el sentido del mensaje, hizo que éste se perdiera de nuevo, y las generaciones siguientes sucumbieron fascinadas ante la manera de registrar la información.

Quien fue despreciado en vida, acabó siendo alabado tras su muerte. La historia, cómo no, vuelve a repetirse.

Cuarto mensajero. Este llega mil años después, trayendo el mismo mensaje, y el conocimiento de elaborar la escritura en un folio en blanco, con la consiguiente eliminación de la linea guía que trajo el mensajero anterior.

Era tal el apego que había hacia la guía del tercer mensajero, que sus fieles seguidores decretaron la muerte de este loco infiel insensato, invasor extranjero, que pretendía enseñar una guía que eliminaba la guía establecida por el bendito mensajero al que todo el mundo alababa.

Este cuarto mensajero consiguió escapar a sus detractores, y la guía liberadora de las guías de todos los mensajeros anteriores tuvo calado en quienes estaban preparados para escribir en un folio en blanco. Y de nuevo, tras su muerte y la muerte de los pocos que comprendieron el sentido del mensaje, éste volvió a perderse otra vez; y una vez más, las siguientes generaciones sucumbieron fascinadas ante esta nueva y liberadora manera de registrar la información.

De nuevo, quien fue despreciado en vida, tras su muerte acabó siendo alabado.

¿Qué ocurriría si ahora les llegase uno, que de un plumazo les liberase de la escritura, transmitiendo su legado en formato audio o video, además de traer por enésima vez el sentido del mismo mensaje de siempre, al que los mismos de siempre, seducidos por ritos y por mierdas, nunca han hecho el más mínimo caso?

¿Pero cuántos milenios más vamos a seguir recreando la misma historia de siempre? ¿Pero por qué esta humanidad no da para más, y deja ya de repetir el mismo curso? ¿Es que nadie se da cuenta de que lo importante no es la forma de la botella, sino lo que hay dentro?

¿Pero por qué en toda época, se ha considerado más relevante la conducta y la vida de los carteros, que la carta personalizada que éstos han traido? ¿Qué hay del mensaje? ¿Por qué nadie se centra en el mensaje? ¿Por qué el sentido del mensaje siempre se pierde?

No puedo con estas cosas. Por eso te digo que personalmente considero un crimen el renunciar a la guía interna, en favor de una guía o modelo de conducta; guía completamente externa, aunque me digan que proviene del mismísimo San Dios.

La guía viene de dentro. Nunca de fuera.

De hecho hay un término que viene a denotar seguimiento; seguir los pasos de; seguir tras algo; seguir el rastro o la huella que otro ha dejado. Ese término es *dzanb*.

Curiosamente dicho término también significa error, falta, delito, crimen, o transgresión.

Dzanb es la actitud de quien no quiere o no sabe guiarse, y encuentra su guía haciendo lo que otros hacen, del mismo modo en que un grupo de camellos van caminando amarrados uno detrás de otro, por una convención mental, subyugada a un determinado *maqâm*, que ha establecido que eso es lo correcto.

Dzanb es la esencia de la imitación. Si quieres ser como él, sólo tienes que seguir sus pasos; sólo tienes que ir tras él.

Dzanb es la esencia del borreguismo. Donde va uno, detrás van todos.

Dzanb es la ausencia de *imam*. Pues quien actúa con *imam*, no tiene a nadie delante; no imita ni sigue los pasos de nadie.

Dzanb es la guía del gentil; del ser lunar; de quien no brilla con luz propia, sino que necesita la luz de otro para ser guiado; es la guía de quienes carecen de *Wilâyah* con su *Rabb*.

De ahí la máxima sufi de «quien se conoce a Sí mismo, conoce a su Señor».

Así pues, *dzanb*, denota la esencia de la transgresión del convenio establecido entre el *Rabb* y cada una de sus criaturas, pues las criaturas que cometen *dzanb* no hacen *Suÿud* ante su *Rabb*, sino ante un modelo externo que condiciona sus vidas. También es cierto que el *Rabb* dirige a quien Él quiere, hacia donde Él quiere.

Así que quede claro que no pretendo, con esto que digo, hacer nigún tipo de crítica o estar en contra de la visión sunní del Islam. Sólo expreso mi punto de vista.

Cada ser ha sido creado para lo que ha sido creado. Y cada cual va llamado a lo que va llamado. Y yo no soy quien para juzgar el propósito de la existencia de nadie. Allá cada uno con lo que escoja hacer de su vida. A mí no me compete lo de otro. A mí me compete lo mío. Lo de los demás es cosa de cada cual. Los respeto, y punto. Ellos con su din, y yo con el mío. Y todos tan contentos.

¿Has entendido por qué no puedo ser sunní?

— Perfectamente.

Yo no he nacido para seguir el modo de vida o las costumbres de nadie.

¿Sabes qué pasa? Que para coronar la cima de una montaña, los escaladores aprovechan los anclajes que han dejado clavados en la pared quienes van delante; y se guían por la ruta que estos han abierto. Pero ¿quién ayuda al primero? ¿Quién ayuda al que va delante? ¿Quién guía al que va delante? ¿Quién?

No lo olvides. Noventa y nueve van detrás, y sólo uno abre la ruta. Para coronar la cima de la que te hablo, habrás de ser tu propio guía y ser tú quien vaya delante. En caso contrario, puedes dejarte guiar por la senda marcada por el rastro que otros dejan, haciendo *dzanb*, tal como ellos hacen.

— Antes has mencionado el desprecio del Cristo interno de cada uno. ¿Qué pasa, que todos tenemos a Cristo dentro, o qué?

¿A Cristo? Vamos a ver, esta humanidad ha sido adoctrinada para percibir la realidad bajo la siguiente premisa: la palabra Cristo ha de ser siempre identificada con Jesús de Nazaret.

Y la palabra Cristo proviene del griego *Kjristós* (Χριστός), que significa lo mismo que la palabra Mesías, que proviene del hebreo *Masjáj* (למשוח). Y ambas palabras son traducidas como Ungido. Así pues, Mesías, Cristo y Ungido, son tres maneras diferentes de llamar una misma cosa.

Así que cualquier Ungido es un Cristo. No sólo Jesús. Todo ser creado es susceptible de ser Ungido. Así que habrá tantos Cristos como Ungidos. No sólo uno.

— ¿Pero Ungido por qué?

Buena pregunta. Ungir proviene del latín *ungere*, que es untar. En las distintas tradiciones de la órbita B, personas y cosas se ungen o untan con aceite o grasa, para simbolizar la Unción de la órbita A.

¿Y qué es la Unción de la órbita A? Pues esta Unción con U mayúscula, se produce cuando quedas impregnado de la *Rahma*. ¿Y qué es la *Rahma*? Pues la *Rahma* es una emanación del Absoluto, que viene a ser como una especie de llovizna fina, perteneciente al mundo sutil, y que se derrama sobre ti, haciendo que adquieras la condición espiritual de Ungido, Cristo o Mesías. Pero la *Rahma* no la recibe cualquiera. En esta etapa de este ciclo, la práctica totalidad de los habitantes humanos de este planeta poseen sus sellos intactos, y ningún *kafir* tiene acceso a ella. Y resulta que el hecho de que rompas los sellos y percibas el Absoluto, no implica que recibas la *Rahma*; puedes estar una hora haciendo *Tawwaf* en la Morada del Absoluto, y no llegar a conocer la *Rahma*. La *Rahma* es lo último de todo; viene después. ¿Cuándo? Pues justo después de que el Absoluto y tú no seais dos, sino Uno.

— *¿Qué es Tawwaf?*

Tawwaf es flotar; flotas en el Absoluto; como cuando te mueres y no tienes cuerpo. En la órbita B, hacer *Tawwaf* es dar siete vueltas en torno a la kaaba. Esto es simbólico. Las vueltas representan las vueltas que dan las ruedas de lo sutil o *chakras*, y son siete vueltas porque siete son los centros sutiles alineados en torno al *Sirat al-Mustakim*, cuya puesta en marcha te lleva a la percepción de la Dimensión donde Mora *Allah*, o Realidad Absoluta.

La *Rahma* es el premio que recibe quien ha llegado a la meta; quien ha coronado la cima, bueno, más bien la sima, porque no se oculta fuera, sino dentro; en lo más profundo.

Cuando se habla de la venida del Espíritu y de la llegada del Mesías, se está hablando de la llegada de la *Rahma* sobre los Ungidos. Por tanto, la llegada de Cristo, es la llegada de la Unción. No así la llegada de Jesús, que es la llegada de Jesús. Cristo es Ungido, y Jesús es Jesús, aunque Jesús sea un Cristo, Mesías, o Ungido.

Y la esencia antiCrística radica en todo aquello que desvía la atención hacia el *Rabb*, e impide que la *Rahma* sea derramada.

Pero claro, allí donde la tradición tiene más fuerza que la razón, mi ciencia será despreciada. Y es que esto de lo que hablo sólo va destinado a aquellos que anteponen la experiencia y la razón, a tradiciones absurdas, heredadas de quienes se atrevieron a hablar e incluso a hacer escuelas y tratados de lo que nunca comprendieron. Y es que sólo el ignorante posee la preparación necesaria para hablar de aquello que desconoce.

Hablan y hablan como si supieran de lo que hablan. Lo que se les va a mostrar les viene grande. Está fuera de su órbita. Por eso lo detestan. Por eso lo rechazan. Lo ven como una ofensa o una amenaza para la supervivencia del mundo de locura y falsedad en el que viven. Su carencia de humildad les impide aceptar que lo que como algo extraño les llegó, como algo extraño les volverá. Creen que saben. Pero si supieran.

Los seres lunares consideran la creencia más importante que la experiencia; anteponen la creencia a la experiencia. En el mundo de los gentiles la creencia prevalece sobre todo, pues para ellos su vida está acotada bajo su sistema de creencias y la creencia es lo sagrado.

Piensan que todo aquello que amenaza la creencia debe ser destruido. Porque en sus cuadriculadas mentes, todo acto concebido como algo ajeno a su sistema de creencias, es considerado como algo blasfemo, ofensivo y como una amenaza o agresión hacia la defensa de la distorsión de la percepción de la realidad, fruto del trastorno de la mente que ellos padecen.

Son como pajarillos enjaulados que son felices en sus jaulas, y si les abres la puerta y les muestras la libertad, te destrozan por haber puesto fin a la continuidad de sus barrotes. Déjalos, no son cosa tuya. Ellos tienen ya su camino trazado desde antes de haber nacido.

Viven en el mundo de la hipocresía. Dicen: «Quiero que me salven de mi condición, pero jamás renunciaré a ella, pues la heredé de la tradición de mis padres, y la defenderé a capa y espada». Y ni uno de ellos se plantea si sus padres estaban bien o mal dirigidos.

No se esfuerzan. No cambian. No evolucionan. Perpetúan su estancamiento y destruyen a cualquier enviado que les es llegado a mostrarles cómo crear otra realidad diferente de la de ellos.

¿Nunca te has preguntado por qué existe el infierno en el planeta y quién lo crea? El hombre posee la potestad de hacer de su realidad un infierno o un paraiso. Eres tú quien creas tu realidad. No es tu realidad la que te crea a ti.

La realidad de los paises que se llaman a sí mismos musulmanes, es como es, debido a la lectura que del Corán hacen. Tu realidad siempre es acorde al *maqâm* en el que te encuentras. Según tu *maqâm*, así es tu mundo.

— Pero parece bastante claro lo que dice el Corán, ¿no?

No. Un momento. «El Corán dice», no; o «en el Corán pone», no. El Corán en sí, no dice nada. Son las personas las que dicen del Corán. La frase apropiada sería «el Corán me dice».

El Corán me dice a mí una cosa, y a tí te puede decir otra. Para mí, ese es el milagro del Corán. Una misma frase que dice siete cosas diferentes, a siete personas que ven el mundo de manera diferente. ¿Por qué la tuya es la correcta y las demás no son válidas? Si quieres que te respeten, aprende a respetar.

El Corán es el mismo para ambos, pero evidentemente su contenido no. Por eso es un libro abierto. No confundas la gente de escasa ciencia con la escasa gente de ciencia. Que mil setecientos millones de personas piensen de una manera, que por supuesto, para ellos es la dirección correcta, no implica que una ínfima minoría esté equivocada, y que su manera de ver el mundo sea incorrecta.

La realidad que percibe un ciego no es la misma que la que percibe uno que ve. Pierdes el tiempo si deseas que un ciego vea lo mismo que tú ves. Y si además es sordo, no sólo pierdes el tiempo, sino que malgastas tu vida. Un sordo nunca te va a escuchar. No hay más ciego que el que no quiere ver, y no hay más sordo que el que no quiere oir.

No te equivoques. El ser mayoría, no implica que estés en lo cierto. Sólo implica que puedes ser uno más de entre esos millones de seres, cuya *quibla* está hecha de materia, situada en el centro del mapa de un mundo de materia.

Iblis es el instrumento del que *Allah* se vale, para hacer que todos miren hacia afuera; hacia una *quibla* externa, y que ni uno solo de ellos mire hacia adentro y encuentre la *Quibla*. Y aunque estén convencidos de hacer lo contrario, te digo que ni uno solo de ellos hace *Suÿud* ante su *Rabb*, porque el *Rabb* no es externo sino interno.

Yo no sirvo al propósito que los precintados sirven, y ellos no sirven al propósito que yo sirvo. Así que ellos con su rollo y yo con el mío. Y yo con mi *Quibla* y ellos con la suya. Y todos contentos.

Estás presenciando el fin de los tiempos lunares. Y la penumbra a la que está encadenada la humanidad, se desvanece. Es la hora de la muerte de la muerte. Es la hora de la experimentación en primera persona, de manera consciente, de la Fuente de Vida de la que todo lo creado emana.

Así pues, te invito a que trasciendas la experiencia del simbolismo y de la mitología propios del mundo de los seres lunares, y a que orbites en la órbita solar del ser solar que llevas dentro.

Por cierto, ¿desde cuando crees tú que la media luna es el símbolo del Islam?

— *No sé.*

Pues la luna se utiliza como símbolo del Islam desde que el Imperio Otomano conquistó la ciudad de Constantinopla en 1453. ¿Y sabes por qué? Porque la luna era el símbolo de esta ciudad, y el Califa Otman, tras tener un sueño o una visión donde vió que la luna se extendía por el mundo entero, quedó fascinado, pues lo interpretó como la expansión de su imperio, de un extremo a otro del planeta; así que decidió tomar la luna como símbolo de su dinastía, y desde ese momento los estandartes que portaban los musulmanes otomanos que batallaron contra los cristianos, lucían la media luna. Este es el origen del enfrentamiento entre la cruz y la media luna; entre cristianos y musulmanes. A partir de entonces la luna es asociada con los musulmanes y con el Islam.

Ya te digo que fue a partir de entonces, porque el estandarte de Muhammad era un águila, y en la época del Profeta los estandartes que se empleaban en batalla solían lucir colores lisos, principalmente negro, verde y blanco. Y la luna no aparecía para nada.

La luna en el mundo islámico nunca ha tenido ningún sentido religioso; sólo es usada a modo de calendario. No tiene más importancia que pueda tener un reloj. Sin embargo ahora sí que tiene dicho sentido, pues millones de almas en este planeta asocian la media luna al Islam, así como asocian la cruz al cristianismo.

Es más, el culto lunar lleva implantado en este planeta desde que existe el concepto de divinidad.

Uno de los trabajos principales de Muhammad fue combatir la idolatría. Y es que la *kaaba* llegó a convertirse en casa de adoración de deidades, cuyo dios más importante era el dios luna Hubal. Ya que antes de la venida de Muhammad, en la península arábiga, el culto hacia la luna era lo cotidiano.

La evolución es movimiento; cambio constante, y tal como el agua pura de manantial, que es atrapada, quedando fijada bajo un determinado *maqâm* que no permite que ésta siga corriendo, al no moverse, se estanca, y curiosidades de la vida, o mejor dicho, de la naturaleza humana del «sapiens», lo que comenzó siendo una revolución en contra de la adoración y del culto hacia los dioses, en especial hacia la luna y hacia la guía lunar, devengó, con el paso del tiempo en un colectivo de seres humanos que ha adoptado como símbolo la luna y que adora una deidad.

Por si no lo has oído, te lo repito: Agua que no corre se estanca.

¿Qué sería de *Iblis* y de su guía, el *Shaitán*, si la espiritualidad del hombre no fuese el fruto de una imagen, de un reflejo, o de una proyección? La luz del sol proviene de dentro; la luz de la luna proviene de fuera. Esa es la guía del *Shaitán*: la guía externa; el manual de instrucciones. La rebeldía a no dejar correr el agua de manantial como ha de correr es la rebeldía hacia lo natural, propia del *maqâm* de los hipócritas siervos de *Iblis*, que anhelan la perpetuación y la propagación de la degeneración y la distorsión bajo la que perciben el mundo, con el convencimiento de que para llegar al Absoluto, es así como ha de hacerse.

¿Quiénes son ellos para establecer o para juzgar qué es lo correcto? ¿Crees que el Creador se equivoca? Para juzgar sólo hay Uno. Y es implacable.

Rehuye la mala guía, y procurar evitar las doctrinas de todos esos que necesitan manuales de instrucciones para vivir, pues hasta el más tonto de los animales es consciente de que la vida no necesita de un manual de instrucciones para ser vivida.

No saben que es el Absoluto el que llega a uno, y sólo lo hace cuando se le mira directamente, no como hacen ellos, inspirados y desviados por el que te he dicho antes, mirando fuera, cargados de ruido mental que no te deja hacer *Saum*.

Pobres gentes que llaman bendición a su perdición. Hipócritas que mientras desean el cambio, no desean cambiar. Son incapaces de hacer *Tahara* y de soltar su lastre; la mayoría de ellos van rumbo hacia donde han decidido fijar su destino. No eres lo que tu identidad mental te hace creer que eres; eres lo que haces.

Da igual la cultura donde mires; el «sapiens» es lunar por naturaleza, o más bien, interesa que sea lunar por naturaleza.

¿Sabes de donde proviene la palabra Sinaí? Pues según la versión oficial, la palabra Sinaí, procede del dios luna Sin. Y se quedan tan panchos. Y todos van y se lo creen porque así reza en la sabiduría «oficial».

Cuando se produjo lo que ha llegado a conocerse como exilio del pueblo hebreo a Babilonia, o cautiverio de Babilonia, hará de eso ya unos dos mil seiscientos años aproximadamente, tras la conquista de las tierras en las que éstos vivían, por parte de Nabucodonosor II, para evitar el resurgimiento de un poder que pudiese provocar problemas y revueltas sociales, los dirigentes, los sabios y las clases altas del pueblo hebreo fueron forzados a trasladarse a Babilonia, la capital del Imperio Caldeo, en una primera tanda, y tras la destrucción de Jerusalem, las clases medias corrieron la misma suerte, en una segunda tanda, con lo cual, absolutamente todos los miembros de todas las familias de poderosos, de sabios, y de comerciantes, fueron deportados a Babilonia, quedando únicamente sin sufrir destierro las gentes del campo, que eran en definitiva gente dócil, pobre y sin cultura alguna, y que no suponían amenaza alguna para el Imperio Caldeo.

Y mira por donde, el tiempo fue pasando y muchísimos de estos hebreos deportados a Babilonia, allí prosperaron y tuvieron descendencia. Y su descendencia tomó como propia la lengua y la cultura del lugar, abandonando la tradición de sus padres, y adoptando, como ciudadanos del imperio, la tradición local.

Fue así como murió la esencia de la profecía y cómo en su lugar nació el germen de *Babel*, cuyo fruto es la causa del establecimiento y la perpetuación del infierno en la Tierra; reverso absoluto de la *IeruSalam* de sus padres.

¿Por qué te digo esto? Porque Babilonia es una palabra que procede del griego *Babylon* (Βαβυλών), que a su vez procede del acadio *Babilim* o *Babilum*, que a su vez procede de las formas preacadias *Babil* o *Babbal*. El significado oficial de *BabEl* es la puerta de Dios. *Bab* es puerta, y *El* es Dios. Y la verdad es que a primera vista, etimológicamente puede resultar bastante convincente. Sin embargo, hay un dato que aún te falta. No seamos tan ligeros traduciendo y pongámonos bajo la mentalidad de esta gente, en su lugar y en su tiempo. Aunque aparentemente parezca que sí, yo te digo que su significado etimológico exacto no es la puerta de Dios, sino la puerta del Señor. ¿Y quién es el Señor? Naturalmente el Señor es el dios de esta gente. ¿Y cómo se dice Señor en el idioma de esta gente? Pues se dice *Bel*. O sea, *BabBel*, o la puerta de *Bel*. Así que *Babel* no es *Babel*, sino *BabBel*. Y *BabBel* significa la puerta del Señor, o la puerta del Amo; en definitiva la puerta de (su) Dios *Bel*, también conocido como *Ba'al*; divinidad a la que esta gente prestaba adoración.

¿Y cómo le prestaban adoración? Pues hacían sacrificios, y no contentos con eso, se dedicaban a amontonar los cadáveres en sus templos, dejándolos pudrirse al aire, y todo quedaba invadido de moscas, que en su idioma se decía *zvuv*. De ahí que a *Ba'al*, se le llame *Ba'al Zvuv* , o Señor de las Moscas, más conocido como *Belzebú*.

¿Y qué ocurre cuando naces y te crías bajo un ambiente en el que la existencia de un Señor; poderoso dios de los ejércitos, al que se le presta adoración mediante sacrificios, se percibe como algo completamente normal? Pues que vayas donde vayas, tu ciencia y tu manera de ver el mundo, inconscientemente siempre irán contigo.

Y los descendientes de los exiliados, tras haber perdido la ciencia de sus ancestros, decidieron volver a recuperarla regresando a sus tierras de origen. Y cuando allí se establecieron, lo hicieron como caldeos, pues percibían la realidad de la única manera en que sabían percibirla; hasta el idioma era nuevo para ellos. Tuvieron que echar mano de las gentes del campo para traducir las escrituras. Y aquí llego yo donde quería llegar.

¿Qué cultura puede tener la gente del campo de esa zona y de esa época? Te puedes imaginar. No les pidas que hablen de metafísica. Sólo cosas del campo.

Ahora enlazo con lo que antes te hablaba sobre el Sinaí. La historia oficial cuenta que cuando Moisés se encuentra con *YHVH*, lo hace en el monte Sinaí, ante una zarza ardiendo, que nunca se consume; y este monte recibe su nombre en honor al dios luna Sin. Pues no, no, y mil veces no. Cuando pides traducción a la gente del campo, que sólo sabe de cosas de campo, es normal que pase esto.

Quien espiritualmente está ubicado en un lugar elevado, ¿forzósamente ha de ser traducido como que esa persona está en en lo alto de un monte o una montaña?

Moisés no estuvo en el Sinaí, sino en un lugar elevado descrito como *Horeb*; y ese lugar elevado ha sido traducido por la gente del campo como monte *Horeb*. *Horeb* no es un monte, sino un «lugar» «elevado» donde no existe absolutamente nada. No hay nada; está vacío. Es el equivalente a la Vacuidad; al Sublime Vacío del Buda.

Y allí presenció, en el interior del *Seneh*, no un dios, sino la Realidad transcrita como *YHVH*; Lo que Fue, Lo que Es, y Lo que Será; en definitiva Lo que Es, pues la Eternidad es un Eterno Presente.

Un Presente Eterno al que se accede por medio de siete luces, que son traducidas como siete llamas que nunca se apagan. Que son los siete centros sutiles o chakras, mediante los cuales se llega a la percepción del Absoluto. La *Menorah* o candelabro de siete brazos, es la maqueta de la realidad B, que simboliza las siete ruedas de luz o centros sutiles, con los que se accede a la Experimentación de la Realidad A.

Seneh es una palabra que los campesinos traducen como zarza, pero que también significa acantilado, precipicio, abismo; en definitiva lugar que denota profundidad brusca y vertical. De aquí viene la palabra Sinaí; de *Seneh*.

A nadie que ve el mundo como lo ve un caldeo, y que traduce bajo la perspectiva de un campesino, se le ocurriría buscar lo que encierra uno en lo más profundo de Sí. Percibiendo la realidad desde el punto de vista de esta gente, lo normal es que pienses en un Dios o en un Señor de los ejércitos con un nombre; en algo externo y ajeno a ti, con el que puedes conversar como si estuvieses hablando con cualquier ser creado. No te planteas que el Absoluto pueda ser una Realidad imposible de ser descrita, ni mucho menos ser nombrada, sino invocada; de ahí su impronunciable nombre. No se puede pronunciar su nombre, porque, aunque la mente humana decida ponerle el nombre o los nombres que le ponga, el Absoluto no tiene nombre.

Pero la pésima traducción de los campesinos, limitada por la visión de estos asociadores que aún perpetúan la invención babilónica fruto de su ciencia caldea, en lugar de hablar de la no susceptibilidad de ser nombrado, concluyó que el nombre de su dios no debe ser pronunciado jamás.

Esta Realidad no tiene nombre. Sin embargo se puede invocar. ¿Y cómo se invoca? Pues haciendo *Suÿud*. Pero ellos no saben cómo hacer *Suÿud* ante el *Rabb*, sino ante una imagen mental.

La pérdida de la facultad de la invocación que poseían sus ancestros, hizo que su ciencia fuese cimentada sobre pura mitología. Así que bajo el prisma de percepción de la realidad, que posee este peculiar colectivo, Moisés subió al monte Horeb, y en medio de una zarza ardiendo, cuyo fuego no se extinguía, vió a Dios y habló con él; un Dios cuyo nombre no debe ser jamás pronunciado, excepto por quienes conocen su nombre.

No entienden que aunque la mente humana le ponga uno o noventa y nueve nombres, no tiene nombre; que para llamarlo no hay que pronunciar palabra alguna, pues cuando se ejercita la mente, se deja de hacer *Saum*. No saben qué es Morar en el *Horeb*; en lo más profundo del *Seneh*. Y el Absoluto sólo acude a ti si lo invocas, y la única manera de invocarlo no es con la boca, pronunciado palabras, ni con la mente, destilando pensamientos, sino, y te lo repito una y todas las veces que hagan falta, haciendo *Suÿud* ante tu *Rabb*.

Y ya te dije antes que el *Rabb* no es ajeno a uno; que no está fuera, sino en lo más profundo de cada ser.

El hecho de que unos escritos tengan tres mil años de antigüedad, no los convierte en auténticos. Todo está manipulado; la ciencia de sus padres se perdió, y resulta más que evidente que el legado de que disponían en ese momento fue reescrito, parcheado y reinventado bajo el *maqâm* de la óptica caldea. Y lo vas a ver ahora mismo cuando te cuente lo siguiente.

Sabes que el primogénito es el primer nacido, ¿no? ¿Puede ser el primogénito el segundo o el tercer nacido? Pues sí puede serlo, pero sólo ante los ojos de los hombres que toman como base una falsedad disfrazada de verdadera, sustentada por una convención mental que ha sido establecida por todos ellos como lo correcto. Si así es convenido, un grupo de gentes puede hacer de lo falso, lo verdadero. ¿Cómo va a ser el segundo o el tercer nacido, el primer nacido? Sólo el trastorno mental del «sapiens» es capaz de provocar tal cosa.

Ante los ojos de la naturaleza y del que sabe lo que realmente ha ocurrido, el primer nacido es el que nace primero, no el que nace después. Aquí el engaño no existe. La naturaleza no miente. La mente tiene potestad para trastornar la percepción de los hechos naturales, pero no tiene potestad para modificar los hechos naturales que ya han ocurrido. El engaño sólo existe para los engañados y para quienes los siguen. El engaño es la verdad de los engañados.

¿Por qué te digo esto? Porque ya te he dicho que todo ha sido manipulado, y se considera como verdadero por el simple hecho de la antigüedad de su manipulación. La versión oficial, fruto de la manipulación de estos caldeos que pretenden ser lo que no son, nos dice que Abraham sube al monte *Moriah*, con asnos y con leña, a ofrecer en sacrificio a su dios, a su único hijo Isaac. En esto patinaron los falsificadores; en el hecho de asociar a Isaac con ser su único hijo. La manipulación no habría sido tan evidente si no hubiese sido por este detalle.

El primer hijo de Abraham, antes de que naciesen los demás, por tanto, su hijo único, no fue Isaac, sino Ismael. Isaac nació cuando Ismael tenía trece años. ¿Qué ocurre? Que Ismael es hijo de una esclava, y la mentalidad babilónica que reedita el nuevo texto sagrado, no tolera que el hijo de una esclava tenga mayor rango que el hijo de una princesa, pues el significado de Sara, esposa de Abraham, es princesa. Así que de Isaac descienden los reyes de la tierra; los de la corona de metal; los de la espiritualidad de la materia y del pensamiento; la espiritualidad del mundo B.

Y del primogénito Ismael, ¿cuál es la descendencia de Ismael? Te voy a contar algo que no sabes.

El significado de la palabra *Moriah* es visión. Y, aunque estas gentes de espiritualidad de lo mundano lo pretendan, *Moriah* no es un monte, sino un lugar elevado; un lugar espiritualmente elevado. Un estado elevado de consciencia donde se produce la visión. Pero las gentes del campo y los babilonios ¿qué ciencia poseen sobre esto? Prosigo. Bajo la mentalidad caldea, Abraham iba a sacrificar a su hijo a un dios, pues ellos así concebían la realidad. Pero bajo la óptica de quienes sabemos planear a la altura del *maqâm* Ibrahim, él no iba a sacrificar a su hijo a un dios, sino a ofrendar un ser creado hacia su Creador; a mostrar a su hijo la Realidad *YHVH* de sus ancestros; a que se produzca la extinción de su hijo en el Absoluto; la ofrenda de uno hacia el Eterno, que en su día alguien tradujo mal como sacrificio eterno o perpetuo, y que fue abolida tras la deportación a Babilonia, justo en el momento en que se perdió la capacidad de invocación del Absoluto.

Y tal fue la manipulación, fruto de la combinación entre la mentalidad caldea y la óptica campesina, que cuando Abraham guió a su hijo a que éste entrase en la Morada del Absoluto, y experimentase el *Salam*, que es el estado de sosiego y mansedumbre propio de quien entra en la Morada, ellos lo describen como una zarza en medio de la cual hay atrapado un cordero. Vamos a ver. Zarza es la traducción «campesina» de la palabra *Seneh*, de la que antes te he hablado. Así que lo que los campesinos leían como una zarza, en medio de la cual hay un cordero, desde el *maqâm* Ibrahim se lee: profundidad en medio de la cual se halla el Manso o Cordero. Y el Cordero no es un animal, sino una manera de describir el estado de *Salam*, Sosiego o Mansedumbre que se experimenta cuando se está haciendo *Tawwaf* en la profundidad de la Morada del Absoluto o *Seneh*.

Y sobre Abraham y sobre su primogénito, Ismael, y sobre su descendencia, recayó como legado la tierra de Canaán, o Tierra Prometida, que no es de tierra, aunque así lo aseguren quienes andan percibiendo el mundo bajo los efectos de la espiritualidad de lo mundano, asociándolo a un pedazo de tierra. El materialismo al que se aferran, el orgullo que provoca su ánsia de dominio y de poder, y la carencia de humildad inherente a su ceguera, les impiden estar a la altura de comprender que la Tierra Prometida no es un estado nacional, sino un Estado Espiritual.

La palabra Canaán procede del verbo *Kaná'*. Y este verbo significa literalmente someterse; estar sometido o sujeto a algo.

Exactamente lo mismo que el término árabe *aslama*, de cuya raíz trilítera *Sin-Lam-Mim*, proviene la palabra musulmán.

Por tanto, según el significado de la palabra Canaán, la tierra de Canaan es tierra de quienes se someten; expresado en terminología árabe, tierra de musulmanes; lo que se conoce como Tierra Prometida, es la meta que ha de alcanzar todo ser creado, sea o no consciente de que se encuentra sometido a su *Rabb*.

Ismael no sólo Experimentó la Mansedumbre del Cordero, sino lo que se Experimenta tras esto. Así que, siendo hijo de una esclava, a diferencia de los reyes de este mundo, no fue coronado por metal, sino por luz. Y aunque haya sido desplazado por una convención mental de origen babilónico, elaborada por hombres de «derecho» y de «ciencia», el primer hijo de Abraham pertenece a la casta de los siervos del Absoluto que no han sido coronados con metal, sino con luz. De hecho, también podrás apreciar esto que te digo en Muhammad, que aparece en iconos y en dibujos, con su cabeza coronada por fuego, que era la luz de aquella época.

¿Y qué ocurre cuando alguien edifica sobre pilares torcidos o mal puestos? Pues que el edificio entero y todo lo que posteriormente se construya sobre él, sufrirán las consecuencias de esto. Así que las generaciones posteriores que decidieron perpetuar la obra de sus ancestros, prosiguieron la construcción de esta «Torre de *BabBel*», tomando como base el edificio que de ellos heredaron, sin siquiera plantearse que la cimentación de la base sobre lo que estaban construyendo fue proyectada y ejecutada bajo la ciencia de la arquitectura babilónica.

¿Va a ser igual construir sobre lo que se sabe, que construir sobre lo que no se sabe, se perdió y no se ha vuelto a recuperar?

De estas gentes de mentalidad babilónica, nace la lectura de un cordero atrapado en la zarza, que es sacrificado en honor a un dios. ¿Cómo sino a través de la adoración hacia un dios babilónico, pueden justificarse las pasiones asesinas?

¿Cómo va a ser igual quien prefiere adoptar una tradición nacida de una lectura materialista e infame, que quien prefiere invocar, a voluntad, la Vida Eterna?

¿Sabes qué es el tiempo? Pues el tiempo es la vida. Y quien se convierte en Señor de la Vida, se convierte en Dueño del Tiempo.

Los habitantes de esta etapa *kali yuga*, de muerte, de horror, y sobre todo de sangre, continúan proyectando sus crímenes rituales, porque es algo innato en la condición de sus almas. Si salvas a un escorpión de morir ahogado, lo más probable es que sufras su picadura, pues esa es su condición. Viven en el mundo en que viven, porque ellos mismos así lo han creado. Su sufrimiento es el fruto de su mundo. Sois lo que hacéis; no sois lo que creéis que sois, sino el fruto de vuestros actos.

Así que se haga de manera consciente o de manera inconsciente, regar la tierra con la sangre de una criatura inocente tienes sus consecuencias.

La historia de la Jerusalem de la impostura es esta. Sus hijos llevan milenios recogiendo el fruto de su inconsciencia: la sangre de seres mansos e inocentes que ellos mismos y los padres de los padres de sus padres han derramado durante milenios, han convertido lo que debería ser un reflejo de la Morada del *Salam*, en puro el miedo y auténtico terror.

La tradición de ejecutar corderos viene de aquí; de la lectura babilónica de la aparición de la Mansedumbre en el *Seneh*. El elemental *maqâm* de esta gente, no les permitía conocer el Sosiego y la Mansedumbre que se experimentan en la profundidad de la Morada. Por esto tomaron un dios al que ofrendar corderos mediante muerte; algo totalmente lógico en un *maqâm* de corte babilónico.

Y aún andan bajo el convencimiento de tener en propiedad el copyright del «acceso» al Absoluto. No saben que las normas de conducta que coartan sus vidas; aquello que ellos llaman ley religiosa, en nada se diferencia de la ley de los hombres, pues su tan sagrada ley, no es otra cosa que ley de «sabios» que jugaron a hacer ciencia de lo que desconocían.

Y desde entonces millones y millones, y más millones de corderos son sacrificados. Así que ¿qué más da si le cortas el cuello o lo quemas? Babilonia sigue viva.

¿Qué se puede esperar de gentes que del crimen hacen una fiesta?

La venida del Cordero es la llegada del *Salam*. Pero el *Salam* no alcanza a aquellos que renuncian a hacer *Suÿud* ante su *Rabb*; aquellos cuyo *maqâm* es causa de perpetuación de *kali yuga*. Que sepas que Kali, antes de retirarse, se llevará consigo a los suyos, o dicho de otra manera, el final de la edad de Kali vendrá porque no quedará ni uno solo de los suyos; o bien morirán, o bien habrán despertado a la Realidad Absoluta.

— ¿Pero y si no tienes que comer, y no tienes más remedio que matar para comer?

Pues, quien no tenga nada que comer, y se vea obligado a tener que sacrificar un animal para alimentarse, debe hacerlo invocando el Absoluto hacia ese animal; deben ejercitarse en ese momento de manera efectiva los *arkan al-Islam* que conforman la *Kaaba de Allah*, para entrar en Contacto con el Absoluto, y mostrarle al animal la Vida Eterna; guiándolo hasta ella. Esta persona, una vez Experimenta la Realidad Absoluta, habrá de imbuir completamente a este animal de Ella, hasta fusionarse con él en Uno; de tal manera que éste pierda la consciencia de su cuerpo mientras los dos os encontráis haciendo *Tawwaf* en la Morada de *Allah*. Entonces se sentirá profundamente atraido por el Estado de Experimentación de la Realidad Absoluta, obviando este mundo. Una vez hecho esto, no notará cuando el corazón de su cuerpo haya dejado de latir. Lo que de la Realidad Única emana, a la Realidad Única es devuelto.

Pero quien no sabe cómo se invoca el Absoluto, dice con la boca *bismil-lâh*, mientras secciona el cuello de la criatura, tras ponerla mirando a una kaaba material hecha de piedras y de barro. Y esto es percibido como lo más natural del mundo. Son las cosas de los millones de humanos habitantes de esta era *kali yuga*, que a lo largo de generaciones enteras, han ido proyectando, hacia un punto del planeta, rituales de sacrificio que no son otra cosa que ofrendas de sangre de seres inocentes, disfrazadas de sacralidad.

Y si cualquiera de ellos se ofendiese por esto que te estoy diciendo, puedes decirle que el *kafir* tiene el pecho cegado y no tiene acceso a la *Kaaba de Allah*, y que los hipócritas, mientras ante los demás presumen convencidos de saber lo que no saben, prefieren escoger permanecer bajo su folklore y sus pasiones, ciegos y sordos ante una Realidad que deciden considerar inalcanzable, a ponerse a trabajar, haciendo *Tahara*, *Yihad* y sobre todo *Wilâyah*. ¿Cómo osas actuar en nombre del Rey, si no conoces al Rey? ¿Cómo osas ofenderte contra quien te dice en tu cara lo que tú estás haciendo? Normal. Ni está hecha la miel para la boca del asno, ni el agua destinada al *kufar* es precisamente fresca agua de manantial. Están sellados; tapados, y como buenos asociadores, están destinados a asociar la Morada de *Allah* a un edificio de barro y piedras, engalanado de seda y oro.

Así que tan inmundo para mí es comer cordero como comer cerdo. Tan primitivo y tan deleznable es matar un cordero como matar un cerdo. Puedo entender que tu instinto de supervivencia te lleve a matar para comer, ¿pero matar por placer, por moda o tradición, millones de seres inocentes y hacer una fiesta de ello? ¿por un pacto inconsciente con un dios babilónico de sangre que ellos asocian al Absoluto?

Esto es hacer que el Estado que se Experimenta cuando se hace *Tawwaf* en la Morada de *Allah*, sea asociado y prostituido de manera abominable, y sea transformado con toda la naturalidad del mundo, en una orgía de sangre de seres inocentes. Y para colmo, todo esto se reviste de fiesta. Es la macabra naturalidad de la óptica bajo la que estos seres de tradición babilónica, perciben el mundo.

Nadie está a salvo de su obra. Mi abuelo decía que quien cava un pozo, al final acaba cayendo en él. Así que quien derrama sangre de inocentes, aunque esté convencido de hacerlo en nombre de San Dios, está condenado a derramar su propia sangre, y lo hará a través de su estirpe. La sangre de los padres es la sangre de los hijos. Por las venas de los hijos corre la misma sangre que por las venas de los padres. Y la sangre además de portar información genética, porta información magnética que hace que al final todo vaya por su cauce natural. Los hijos son seres que por amor han encarnado para experimentar en sus carnes el fruto de aquello que sus padres de manera consciente o inconsciente sembraron.

Tú has encarnado en este mundo para experimentar en él el fruto de la semilla de tus antecesores. Este mundo de paz, de guerras, de amor y de odio, es el fruto de la inconsciencia que tus padres y sus ancestros sembraron en su momento.

Estás aquí para resolver lo que ni ellos ni sus padres supieron resolver. Y aunque no seas consciente de esto, no estás aquí por obligación, sino por amor.

Los hijos, queramos o no, estamos condenados a llevar en nosotros el legado de nuestros padres. Gracias a la enfermedad mental de la raza humana, el legado de los hijos del «sapiens» es un mundo enfermo, satanizado, resultado de la locura, de la ineptitud de egoistas y codiciosos, y de la necedad de sus siervos y de sus esclavos conformistas que no mueven un dedo por impedir la obra de quienes no desean que este plano sea un paraíso.

Las tradiciones son un veneno poderoso para que la evolución de una comunidad se ralentice durante milenios, pero en el momento en que el ser humano alcance un mínimo grado de consciencia de ese virus mental que heredó de sus padres, aprenda que lo que está recogiendo es consecuencia directa de lo que sus padres sembraron y que lo que está sembrando es lo que más adelante sus hijos recogerán, habrá comenzado el gran salto de consciencia de la humanidad y el tan esperado cambio global. Nunca antes, pues sin la toma de consciencia de la repercusión de las propias acciones es imposible subir de peldaño evolutivo. Dicho de otra manera, tú y los tuyos os estaréis quemando eternamente hasta que no descubráis la fuente de calor que os está achicharrando, y actuéis en consecuencia para poner remedio a la situación.

Transmutar las tradiciones supone vaciar el vaso de agua corrompida y llenarlo de agua fresca con conocimiento renovado.

Sólo cuando tengáis la vivencia de haber Experimentado el Absoluto, sólo entonces podréis disipar la falsedad del mundo de los gentiles. La creencia mitológica de «en lo que se cree» se habrá transmutado en creencia con certeza de lo que se sabe por propia experiencia.

Cuando la humanidad logre percibir el Absoluto, e integrarse cuando quiera, a voluntad, en el Uno, el reinado mitológico de los seguidores del *Shaitán* habrá caido. El engaño ya no será posible. Será el fin de su mundo de creencias y de fantasía. Será su tan anunciado fin del mundo. Amanecerá la percepción consciente del no tiempo; el fin de los tiempos tal como lo concibe la mente: la percepción mental de tiempos pasados y de tiempos futuros, será reemplazada por la percepción Experimental de un Eterno Presente. Es el comienzo de la percepción de la Eternidad; de la Inmortalidad; del Reino del Absoluto. Las tumbas vivientes serán abiertas a la Única Realidad, y Experimentarán eso que se conoce como Vida Eterna.

Y Percibir el Absoluto es sencillo y no es nada fácil. Pero es un juego de niños.

Si tú nunca has galopado a caballo y yo te describo qué se siente, ¿crees que ya sabes lo que se siente al galopar?

Nunca sabrás qué se siente cuando galopas hasta que no subas a un caballo y galopes.

Absolutamente nadie te puede explicar qué se Experimenta cuando se Está en la Morada del Absoluto. Yo no soy una excepción. Sólo puedo contarte mi experiencia, y si no estás preparado, ésta sólo servirá para aturdirte o confundirte más de lo que puedas estar.

Para que tú conozcas Esto personalmente, habrás de experimentarlo en Ti. Habrás de hacerlo con atención. Sólo atención. Ni pensamientos distractores ni ruido mental. Sólo atención hacia el Centro de tu Ser. Y cuando llegue tu momento y cuando menos te lo esperes, tu *Rabb* se te revela.

Mientras el ser humano no experimente el Absoluto; mientras no Se Experimente a Sí Mismo, estará preso del engaño, de las cadenas de la mente, y del engañador de los gentiles. En esta efímera vida pueden conocerse muchas cosas, pero el que no se reConoce, nada conoce.

El futuro de quienes crearon la tradición, es nuestro presente. ¿Quieres este presente para las siguientes generaciones? En tus manos está el proporcionarles el cómo tendrán ellos su presente.

FES

MIÉRCOLES 13 DE AGOSTO DE 2008

Si mal no recuerdo, lo último que hablamos el año pasado, versaba sobre la espiritualidad que emplea pilares babilónicos como cimientos. Este año no me voy a andar con rodeos.

¿Recuerdas que la cara B se corresponde con lo mundano y con la materia, y la cara A se corresponde con el Espíritu? ¿vale?. Así pues la espiritualidad orientada hacia la cara A, es la espiritualidad orientada hacia el Espíritu, y la espiritualidad orientada hacia la cara B es la espiritualidad orientada hacia la materia. ¿Y sabes cómo se llama la espiritualidad orientada a la materia?

— Dímelo tú.

Satanismo. Se llama satanismo.

El satanismo no es ni más ni menos que la espiritualidad orientada hacia la materia y hacia lo mundano. Podrás encontrar su esencia allí donde haya idolatría, veneración o adoración hacia las cosas de este mundo.

Y aunque hoy día trate de identificarse el satanismo con ceremonias de culto diabólico, con asesinatos y con rituales de magia negra, no olvides que estos sólo son una pequeña parcela de lo que el satanismo en sí abarca. Estos rituales y ceremonias, no son más que cortinas de humo que desvían la atención sobre lo gordo. El *Shaitán* es muy fino en su trabajo. Pero que muy fino.

Voy a hablarte ahora sobre esto. Te voy a hablar de *Iblis* y del *Shaitán* o Satán.

Iblis es una criatura cuya inspiración es el propio *Shaitán*, que, percibido desde los escalones del *Sulam* desde donde los gentiles perciben la realidad, se niega a postrarse ante un ser humano.

Vamos ahora a razonar un poquito. Todo lo creado forma parte del *Tawhid*, es decir, todo lo creado es el propio *Allah*, manifestado como multitud, ¿vale?

Iblis es un ser que pertenece a la creación, por tanto, es el propio *Allah* actuando «disfrazado» de *Iblis*, ¿vale? Y lo que *Iblis* hace, es lo que *Allah* hace, a través de su criatura *Iblis*. ¿Comprendes? Luego lo que hace *Iblis*, sin duda alguna, obedece a un determinado propósito de *Allah*.

Ahora te pregunto: ¿por qué crees tú que *Iblis* no desea postrarse ante un hombre?

— ***¿Por soberbia? ¿por orgullo?***

Correcto. No esperaba menos de ti. Enhorabuena porque estás absolutamente contaminado por la versión oficial de los gentiles y por su mitológica realidad de orgullo, humildad, siervo y señor. Pero no te preocupes, que es normal.

Pues ahora yo voy a explicarte todo esto, contándote otra versión de los mismos hechos, percibida desde otra perspectiva diferente.

Pudiendo hacer que todas tus criaturas, que en el fondo eres tú mismo, hagan lo que tu quieras en todo momento, y piensen lo que tú quieras que piensen en todo momento, ¿qué sentido tiene el crearte como criatura, para que ésta no se postre ante otra criatura, que también eres tú mismo?

— ¿Por capricho? No lo sé.

Te cuento. A todos nos dicen que *Iblis* se niega a postrarse ante un hombre. Y aunque esto que te voy a decir, pueda alterar millones de egos que conciben la realidad desde una perspectiva mitológica, del Corán puede extraerse otra lectura totalmente diferente.

Iblis se negó a hacer *Suÿud*. Y *Suÿud* es una palabra que procede de la raíz trilítera *Sin-ÿim-Dal*, que además de ser traducida como postrarse, tiene más significados. ¿Qué ocurre? que de todos sus significados posibles, éste es el que la mente del gentil escoge porque es el más indicado para la recreación y perpetuación de su fantástico mundo de creencias.

Sin embargo *Suÿud* también significa mirar tranquilamente y de manera continua: observar, contemplar.

Así que si traducimos de esta manera el término *Suÿud*, como mirar tranquilamente y de manera continua, tenemos que *Iblis* no se negó a postrarse, sino que se negó a contemplar.

¿Qué sentido tiene contemplar?

Una vez creada la forma del ser humano, *Allah* ordena a los seres del *Malakut*: Contempladme en él. Y las creaciones del *Malakut*, a través del ser humano, Contemplan a *Allah*.

Pero *Iblis*, en un acto de sentirse diferente y superior, se niega a Contemplar a través de un ser humano.

A partir de entonces, *Iblis* se convierte en la guía de todo aquel que, bajo forma humana, se niega a Contemplar la Realidad Absoluta, reemplazándola por ídolos físicos o mentales a los que se venera.

En su naturaleza también estar el percibir ciertas creaciones como seres inferiores.

¿Cómo te crees tú que el hombre actual percibe los animales, los árboles y plantas, los ríos, los mares, el aire, e incluso las piedras? ¿como iguales?

Por sugerencia de *Iblis*, el hombre está convencido de ser el rey de la toda creación.

¿Y por qué *Iblis* actúa de esta manera? Porque *Iblis* es una criatura inspirada por el *Shaitán*. Y mientras el *Shaitán* te inspira a que no sepas lo que Eres Realmente; a que niegues lo que Eres; a que te hagas una imagen mental de ti mismo o a que creas que tú eres tu mente, *Iblis* te inspira a que no averigües lo que Eres; a que no Mires tranquilamente y de manera continua lo que Oculta ese ser humano «de barro» que tú estás «pilotando».

El *Shaitán* es la naturaleza separadora de la Realidad Absoluta; es el juguete de *Allah* para que sus criaturas se sientan separadas de Él, y separadas entre sí.

Con lo cual *Iblis* ni es malo, ni es bueno; *Iblis* desempeña perfectamente el papel para el que ha sido designado, siendo el ardid que *Allah* emplea, como patrón de conducta de todos aquellos seres humanos, que renuncian a Mirarse o Percibirse y que se niegan a ReConocerse.

Iblis es el patrón de la adoración de los seres inferiores hacia las deidades y hacia los seres superiores, y sobre todo de la negación de la Realidad Interior, en favor de la realidad exterior;

de lo mundano y de realidades mitológicas cimentadas en la imaginación. Es el patrón de quienes no desean ver lo que el ser humano Oculta, para pretender haberlo encontrado fuera. Y lo que ninguno de sus inconscientes seguidores sabe, es que sólo cuando lo encuentres dentro, sabrás cómo encontrarlo fuera.

El fin del juego de *Iblis* comienza cuando descubres cómo se percibe la Realidad Absoluta: mirando tranquilamente y de manera continua, o lo que es lo mismo, haciendo *Suÿud*.

Sólo tienes que volverte hacia Él, y tomar la dirección del camino recto.

Sabiendo lo que ahora sabes, ¿me creerías si te dijese que el Creador está muerto?

Friedrich Wilhelm Nietzsche fue un genio incomprendido de su época, que se ganó el odio y el rechazo social por parte de esos animalillos gregarios de siempre, que se pasan el día balando y que ni disciernen ni comprenden. Y eso le pasó factura, ya que acabó con un colapso mental a los 44 años, pasando a depender de su madre y de su hermana, hasta el día de su muerte.

Reconozco que antes de saber lo que ahora sé, hubo un tiempo en que yo llegué a ver su frase «Dios ha muerto» como algo totalmente blasfemo. Para mí era algo espantoso oir tal cosa. Naturalmente sentía esto porque percibía la realidad bajo los efectos del virus que infecta la raza humana, que en mí aún no habían sido neutralizados.

Sin embargo, tras «tomar la pastilla roja», comprendes lo que quiso decir y comprendes la frustración e incomprensión que le atormentaron hasta sufrir el colapso.

En realidad no existe tal blasfemia y la frase es más profunda de lo que parece. Su contenido es del tipo *solis sacerdótibus*, o sólo para iniciados.

Mediante su juguete *Iblis*, *Allah* decide «negarse» a Sí mismo. Y a través de «nuestros ojos», que son incapaces de «verlo» a un nivel de consciencia «ordinario», nos percibimos como individualidades, y nos sentimos separados de Él.

En teoría, lo que no se percibe por ningún medio, no existe; está muerto.

Estas individualidades están asignadas a lo que llamamos almas; y estas almas se corresponden con consciencias más o menos evolucionadas, acordes al grado que tienen de autorreconocimiento, de ser el propio Absoluto.

En principio parece un poco lioso esto de lo que te hablo, pero para que lo entiendas mejor, te lo explicaré de otra manera.

Imagínate que yo fabrico una serie de mundos, y me disfrazo a mí mismo bajo muchos aspectos y formas; me escondo bajo una multiplicidad de formas con consciencia individual.

Programo cada una de dichas criaturas individuales, para que hagan sus vidas bajo determinadas frecuencias mentales. Los rangos de estas frecuencias mentales oscilan desde donde no me perciben a mí, hasta donde hay consciencia de que cada una de ellas soy yo.

Resulta que yo habito en lo más hondo de la profundidad, y he creado mundos intermedios cuya percepción de lo que hay en la profundidad está siempre limitada por una determinada frecuencia de vibración. Esto imposibilita que sus habitantes puedan recrear una vibración más alta de lo que les corresponde.

Todos estos mundos intermedios actúan bajo el mismo principio. Así pues, dependiendo del mundo al que pertenezcan, sus criaturas poseerán la consciencia de ser yo mismo en menor o mayor grado.

¿Qué ocurre en este planeta Tierra?

Que en la inmensa mayoría de los seres humanos que lo pueblan, la consciencia de ser yo mismo es CERO o INEXISTENTE. Nietzsche tenía razón. Para cada una de mis criaturas yo estoy muerto.

En realidad no estoy muerto, porque no necesito de mis criaturas para existir; al contrario de lo que les ocurre a ellas conmigo, pues todas ellas están sometidas a mí.

Pero bajo la percepción de mis criaturas, yo estaría «muerto»; repartido en millones y millones de «tumbas» vivientes, encontrandome a la espera de que en cada una de ellas llegue el día en que sea «resucitado».

La palabra *religión,* viene del latín *religio.* El término r*eligio,* procede del verbo *religare* formado por la unión del prefijo *re,* que da idea de volver a hacer o hacer de nuevo, más el verbo *ligare,* que significa ligar, unir, amarrar.

Sabiendo esto, podemos llegar a la conclusión de que el sentido de la palabra religión es el de volver a unir.

¿Volver a unirse con qué? Pues volver a unirse con Aquello que se Era, que se Es, y que se seguirá Siendo, y que bajo este mundo de la forma está «muerto» en cada una de sus creaciones, a la espera del día en que se salde la deuda contraida en el Pacto, y se produzca la esperada «resurrección» de Eso que está «muerto».

Una vez te Re-Unes, o lo que es lo mismo, llevas a cabo la Común-Unión, tomas consciencia de la integración en el *Tawhid*, que disipa la ilusión separadora. Rompes con *Iblis*.

La Religión no es ni más ni menos que la vacuna contra *Iblis*.

El *Tawhid* es una palabra que designa la Unidad. La palabra *Tawhid* procede de la unión de dos palabras: *Tao* y *Wáhid*. El *Tawhid* es el *Tao* del *Wáhid*.

El término *Tao* no procede de ninguna lengua semítica; proviene de China, y seguramente llegó a la península arábiga en una de tantas caravanas procedentes de oriente. *Tao* significa llegar. Así pues, el *Tao* del *Wáhid* es el llegar al Uno; es llegar al Absoluto.

Quien no ha comprendido experimentalmente el *Tawhid*, lo concibe con su mente; lo asocia a un concepto, afirmando que todo es *Tawhid*. Pero no sabe que todo es una palabra que designa un concepto; una abstracción mental, al igual que ocurre con la palabra infinito. Ya que el *Tawhid* es *Tawhid*, y el todo y el infinito se quedan cortos para definirlo. Hasta que no experimentes el *Tawhid*, no sabrás lo que es.

Iblis sabe esto. Y su trabajo es inspirar al ser humano a que desvíe la atención hacia los conceptos y hacia lo que de la mente nace; hacia cualquier sitio, menos hacia donde Es, o lo que es lo mismo, que el hombre haga *suÿud* hacia cualquier sitio, menos hacia su *Rabb*.

Con lo cual, como la misión de *Iblis* es no permitir que el ser humano experimente el *Tao* del *Wáhid* o Religión, decide inspirar la creación de las religiones de la mente, que son fábricas de producción en serie de desviados.

Sin duda un trabajo magnífico. Fábricas de fans de fantásticas creaciones mitológicas aderezadas de leyes y dogmas, basados en la racionalización de lo que no se comprende; en definitiva, falsedades que son percibidas por todos como verdades indiscutibles e inamovibles. Y la inmensa mayoría de seres humanos, siguen estos caminos y se sienten felices y dichosos de hacerlo. Sin lugar a dudas, una obra admirable.

Pero también es cierto que cada uno va donde tiene que ir, y que el *Rabb* te dirige adonde Él quiere. Así que, con lo bien que estás así, ¿por qué tomar otra dirección? ¿por qué dirigirte hacia donde no deseas ir?

Sólo cuando dejes de permanecer cerrado en tu postura y en tu visión de la realidad, el abanico de realidades se te abrirá. Nunca antes, pues en todo momento, hay respeto hacia tu voluntad. Para dejar el encierro y salir al mundo, lo primero es abrir la propia puerta de tu casa. Sólo cuando comiences a abrirte al mundo y a transmutar la realidad heredada que te ha sido transmitida, por otra realidad más acorde a lo que vives y eres, éste comenzará a abrirse y llegarás a ser consciente de que siempre tuviste las llaves en tu poder, pero nunca supiste verlas, debido a la cerrazón y a la ceguera propias del letargo en que has estado sumido.

Será entonces cuando descubrirás que no era la puerta de tu casa lo que abriste, sino la puerta del mundo.

El mundo se abre desde dentro de uno mismo. Abrete tú y encontrarás todo abierto.

Muchos han visto pasar toda su vida buscando fuera lo que se oculta dentro. No malgastes tu vida en el convencimiento de estar viendo fuera lo que se oculta dentro, pues como hace un ratito te acabo de decir, sólo cuando lo encuentres dentro, sabrás verlo también fuera.

Las religiones de la mente no son otra cosa que deformaciones del mapa de vuelta a Casa, cuyo último (y oculto) propósito es que jamás llegues.

La degeneración de lo que una vez fue conocimiento experimental, sostiene que a través de la identidad mental de lo que eres y de sus manifestaciones bajo ritos y bajo formas, es como has de comunicarte con el Absoluto.

Dicho más clarito, ellos se identifican con sus egos, y se pasan la vida cultivando y engordando sus egos. Les ves presumir de lo bien que cumplen con sus preceptos y con sus obligaciones religiosas, convencidos de que están trascendiendo sus egos, y no saben que no sólo no los están trascendiendo, sino que cada vez son mayores víctimas de estos. Son los hipócritas. Mientras presumen de una cosa, en realidad, de manera inconsciente, están haciendo lo contrario. No saben que el único precepto de la religión es hacer honor a lo que significa esta palabra: Re-Unión. Volver a Unirte, de manera consciente, en este plano, con la Fuente de la Vida, que se encuentra conectada a todo lo creado.

El ego se identifica con una religión o una ideología.

No es tu religión. Es la religión de tu ego; de la identidad que tienes sobre lo que crees que eres.

Actualmente los habitantes del planeta se encuentran separados por causa de sus mentes y de sus ideologías. Poseen una potentísima adicción a esa droga que proporciona tanta seguridad, que es el apego al mundo en el que hacen sus vidas; donde prácticamente todos piensan que sus creencias son ciertas y que las de quienes no piensan como ellos, son falsas. Simplemente porque eso es lo que les dice la guía que siguen o el manual de instrucciones que coacciona y limita sus conductas.

Y todos ellos, distraídos con lo que identifican de su propiedad, sin saberlo, actúan bajo una misma bandera, perpetuando el propósito de *Iblis*, de no hacer *Suÿud* a través de un ser humano.

Te voy a contar un sueño que tuve, en el que yo estaba en una cueva junto con un grupo de gente, y entramos en una gran sala. El suelo de esa gran sala, tenía como unos diez o doce charcos. Eran como pequeñas pozas de agua, del tamaño del volante de un coche, todas ellas diferentes. El agua de una, era completamente turbia, la de otra era completamente negra, el agua de otra estaba iluminada por una luz amarilla, había otra con el agua congelada, me acuerdo de otra poza con agua en ebullición, había dos pozas que despedían un olor nauseabundo, y otra poza con agua blanca como la leche, y otra poza más con agua como de cristal de yeso. Y todo el suelo mojado, como si acabaran de fregar, y nadie se daba cuenta de este detalle. En fin, una cosa muy extraña. Y no había luz en la cueva. La iluminaba la luz que procedía de algunas de estas pequeñas pozas.

Teníamos todos sed, y no sabíamos de qué poza beber, pues la mayoría no nos fiábamos de beber de los charcos esos tan raros, aunque al final hubo quien se atrevió a beber del charco y quedó encantado. Hubo varios que bebieron, todos de diferente charco, ninguno del mismo, y quienes bebieron quedaron encantados y se recomendaban unos a otros su propio charco. Pero a mi no me gustaba aquello, y me puse a buscar otro sitio donde beber agua, pero no había. Y claro, si el suelo estaba mojado como si acabasen de fregar, y ese agua es la que acababa llenando los charcos, debería venir de algún lado. Tras seguir la pista del agua del suelo, ví de donde venía y eché a andar hacia allí, topándome con un cortinón bastante espeso, de terciopelo negro. A base de palparlo dí con la abertura y logré pasar tras la cortina, encontrándome en un pequeño recinto, que también pertenecía a la sala, pero que quedaba oculto y separado tras este cortinón de terciopelo negro. Y cual fue mi sorpresa, que dí con un manantial de agua fresca, totalmente cristalina, de la que sí que bebí. Dí con la fuente del agua que alimentaba todos los charcos, y abrí como pude la cortina y llamé a todos, para que bebieran del manantial, pero cuando salí, todos habían bebido de las pozas, y todos se encontraban hechizados por ellas. Ninguno me hizo caso. Me sentí solo. Sentí una soledad indescriptible. Dí con el manantial, abrí el cortinón mostándoles la entrada, y ninguno de ellos me miraba. A nadie le interesaba esto. Estaban fascinados; hipnotizados por las luces y el burbujeo de aquello.

El cortinón de terciopelo es el velo que impide el acceso al Manantial. Y las pozas, ¿qué son las pozas?

— ***Las religiones de la mente, ¿no?***

Así lo veo yo. Desde antes de nacer, ya iban destinados a experimentar el papel de ahogados en los océanos de la mente. Así pues, déjalos a su aire. ¡Deja el mar en calma!

Ahora te voy a poner un ejemplo de un acuerdo inconsciente que se hizo hace mas de mil doscientos años, y que a lo largo de generaciones ha quedado cristalizado como una verdad absoluta que queda grabada a fuego en el inconsciente, y como una realidad indiscutible.

Aunque he de admitir que los integrantes del reducido grupo de musulmanes del que formo parte, somos inmunes al truco que encierra este acuerdo.

Hacia mediados del siglo IX, unos doscientos años después de la muerte del Profeta, el erudito persa Muhammad Ibn Ismail al-Bujari, que nunca estuvo en contacto directo con el Profeta Muhammad, se dice recopiló en torno a trescientas mil tradiciones proféticas, que narraban los hechos y dichos del Profeta, y que son conocidas con el nombre de hadices. Y sólo siete mil doscientas setenta y cinco de estas tradiciones, de las que poco más de dos tercios se repetían, fueron consideradas auténticas. Tardó dieciséis años en elaborar el compendio. El resto se consideraron dudosos o falsos.

Todos estos hadices están basados en la tradición oral. Y se da por verdadero que su origen está en las personas más próximas al Profeta.

En uno de estos hadices se habla sobre que los pilares del Islam son cinco: *shahada*, *salat*, *zakat*, *haÿÿ* y *saum*. Y son cinco.

No olvides esto: La prueba de que el Islam se cimenta sobre cinco pilares la tienes en un escrito creado a mediados del siglo IX, que narra cosas acontecidas doscientos años antes.

Ahora te digo, ¿has oído hablar de los Jariyíes?

— *No. Nunca.*

Los Jariyíes sí que tuvieron contacto directo con el propio Muhammad; de hecho fueron sus primeros seguidores.

La palabra *jariyí* significa «el que se sale», y significa «el que se sale», porque en el año 657, unos años después de la muerte del Profeta, conscientes de la manipulación orientada hacia el poder, decidieron abandonar a su Imam en el campo de batalla, protagonizando una deserción.

Los Jariyíes estaban obsesionados por mantener el Islam tal como lo conocieron de mano del propio Muhammad. Y tal fue su obsesión, que acabaron matando por ello.

Cuando «se salieron», tan sólo veinticinco años después de la muerte de Muhammad, estos seguidores obsesionados por defender el Islam que les había sido transmitido de manos del propio Profeta, manifestaban que el *Yihad* era uno de los pilares fundamentales del Islam.

Hoy día la palabra *yihad* es asociada a la expresión «guerra santa». Sin embargo el término *Yihad* denota esfuerzo; el esfuerzo que empleas en superar un conflicto interno, o bien el esfuerzo requerido para hacer *Saum*, mientras estás haciendo *Suÿud*.

¿Por qué sólo veinticinco años después de la muerte del Profeta, el *Yihad* era un pilar certificado por fanáticos obsesionados por que el Islam no fuese alterado lo más mínimo, y doscientos años después de la muerte de Muhammad, el *Yihad*, ya ni siquiera es mencionado como pilar del Islam? ¿Por qué? Piénsalo.

¿Has oido hablar de los Ismailíes?

— ***Me suena.***

El Ismailismo es una de las corrientes del Islam chií, cuyo origen se remonta a mediados del siglo VIII, concretamente tiene su inicio ciento treinta y tres años después de la muerte del Profeta.

Pues bien, para los ismailíes, incluso hoy día, el *Yihad* sigue siendo uno los pilares del Islam. Y además, bajo su punto de vista, los pilares del Islam no son cinco, sino siete: *Zakat*, *Salat*, *Saum* y *Haÿÿ*, que son cuatro de los cinco pilares que todo el mundo conoce, más *Yihad*, *Tahara* y *Wilâyah*. La *Shahada* no es considerado por ellos como uno de los pilares.

Sin embargo, yo personalmente estoy en desacuerdo con esto, pues entiendo que la *Shahada* es el pilar fundamental del Islam, como camino espiritual.

Ya tienes la información. Ahora te hago la siguiente pregunta: ¿quién te merece más credibilidad, quienes a sólo un siglo y un tercio después de la muerte de Muhammad, se escindieron creando una corriente aparte, además de quienes lo conocieron en vida y mataban por defender que no se produjese la más mínima variación del Islam que conocían; o por el contrario, quienes jamás conocieron personalmente al Profeta, y que después de doscientos años, decidieron compilar datos sobre su vida, obteniendo información oral transmitida de personas a las que otra persona anteriormente les hubo transmitido lo que otra persona en su día le transmitió sobre alguien que contó que otra persona dijo que otra persona aseguró haber oido de la boca del propio profeta?

¿Por qué entonces, la realidad consolidada es que los pilares del Islam son cinco? ¿Por qué?

— ***¿Por tradición? No tengo ni idea.***

Agárrate a la silla, porque suena escandaloso: por magia.

— *¿Perdón?*

Sí, magia. Forma parte de uno de tantos rituales de magia bajo los que queda amarrada e hipnotizada la población del planeta. Por eso te digo, que yo y los míos somos inmunes a estos truquitos de esta gentuza de la cima de la pirámide, que lleva milenios esclavizando a la humanidad.

¿Por qué te crees que tras la muerte de Muhammad, dinastías de poderosos se mataban entre sí? El asunto era un filón que no se podía desaprovechar. En realidad todas las religiones lo son.

Te voy a explicar una parte de los fundamentos de la magia que hace esta gente.

¿Cómo crear generaciones de humanos completamente adoctrinados, que ni piensan, ni disciernen? o lo que es lo mismo, ¿cómo fabricar seres lunares en masa que crean, sin rechistar, la conveniente verdad consolidada que tú les cuentas, con el fin de que cualquier retorno hacia la fuente original de conocimiento, sea considerado *bida'*, que es innovación peligrosa, o sea considerado herejía o blasfemia?

Basta con quitar de la ecuación *Yihad*, *Tahara*, y *Wilâyah*.

Si eliminas el *Yihad*, estás eliminando el esfuerzo, herramienta de evolución por excelencia.

Si eliminas la *Tahara*, podrás tener legiones enteras de seres adoctrinados, totalmente imbuídos de «la verdad consolidada e indiscutible».

Si eliminas la *Wilâyah*, conseguirás que se perciba a *Allah* como algo lejano e inalcanzable; como un señor que poco o nada tiene que ver con su siervo, hasta tal punto, que aquel que se atreva a hablar de *Allah*, cualquier cosa diferente a lo que «la verdad oficial» establece, será percibido como un hereje o un blasfemo, siendo considerado por todos los fieles a la doctrina, persona non grata.

La expresión *Al-arkán al-Islam* ha sido traducida mundialmente como los pilares del Islam. La palabra *arkán*, es el plural de *rukn*, que no es pilar, sino angular.

Rukn es un término que se emplea para designar angulosidades: ángulos, esquinas y rincones.

Sin embargo, *rukn* es traducido mundialmente como pilar. Y es que cuando quien dirige el mundo, descubre un filón, allá que va inmediatamente a situar sus piezas.

¿Por qué unos seguidores de Muhammad, los jariyíes, quienes lo conocieron en persona, tan sólo a veinticinco años de su muerte, llegaron hasta el extremo de conmocionar a los integrantes de la *Umma*, matando a un Imam?

— ***¿Porque eran fanáticos violentos?***

Evidentemente, si se llegó a este extremo, al menos uno de ellos, el asesino, habría de serlo. Pero el tema es que es sabido que para los jariyíes, el musulmán que se aparta de las enseñanzas de Muhammad, no es considerado por ellos como uno de los suyos. Y si éste fuera el califa, debería ser destituido inmediatamente, y ser sustituido por otro, escogiendo la comunidad al más digno para ellos, aunque éste proviniese de familia humilde o incluso fuese un esclavo.

¿Cuál fue el motivo que movió al asesino a cometer su crimen? La versión oficial cuenta que en el campo de batalla de Siffín, el

Imam decidió entrar en negociaciones con un representante del poder de aquella época; un Omeya. Y no entra en detalles sobre tal negociación.

¿Qué tipo de negociación fue aquella? ¿Qué crees tú que puede ocurrir, si, para que haya paz, el legado de un enviado debe ser «adaptado convenientemente» con la «ayuda» de una casta de poderosos, a los que sólo les importa el dominio y la sumisión de los demás hacia ellos?

¿Qué podría llevar a los jariyíes a sentirse traicionados por su Imam, para abandonarlo en el campo de batalla, y posteriormente perpetrar tal crimen?

Parece evidente.

Volviendo a lo de antes, ¿por qué *rukn* se traduce como pilar, y no como angular? Pues *rukn* se traduce como pilar, y no como angular, porque es conveniente que así sea.

Si leemos *al-arkán al-Islam*, como los pilares del Islam, pensamos en columnas; en bases; en pilares sobre los que se edifica y se sustenta lo que se conoce como Islam.

Pero si leemos *al-arkán al-Islam*, como los angulares del Islam; es decir, las esquinas o los rincones del Islam, ¿qué ocurre?

Según la versión oficial, procedente de los hadices de *Al-Bujari*, ¿cuantos *arkán* tiene el Islam?

— ***Cinco***

Correcto. Y ahora piensa. Pero no pienses en columnas; piensa en angulares. Piensa en algo que sólo tiene cinco angulares, sean esquinas, sean rincones. Pues, aunque la humanidad entera ante la palabra *arkán*, vea pilares, tú vas a ver acorde a su significado:

angulares. Piensa sobre qué se edifica y se sustenta lo que se conoce como Islam, que está formado por cinco angulares.

¿Qué es lo que tiene sólamente cinco angulares?

— Mmm. Una pirámide cuya base es un cuadrado, ¿no?

Exacto. Cuatro ángulares en las bases, y uno en la cúspide.

El Islam que el mundo conoce, y bajo el que todos hacen sus vidas es una pirámide. ¿Sabes lo que esto significa?

— Me lo imagino.

Pues significa que todos están subyugados a lo que eso representa: una estructura jerárquica de poder. Y para esto, el Islam es perfecto, pues su raiz trilítera *Sin-Lam-Mim*, denota sometimiento, por tanto sumisión.

Y entonces te dirán: «sumisión no hacia cualquiera, sino hacia *Allah*». En tal caso, pregúntales por su *Wilâyah*; pregúntales si conocen personalmente a *Allah*. Y si te responden que no hace falta conocer a *Allah*, para saber que la voluntad de *Allah* ya la trajo el mensajero, les dices que la carta del mensajero aún está sin abrir y está lacrada con siete sellos que aún permanecen intactos. Que te entienden, bien, que no, que sigan su din de culto hacia los cinco angulares, y tú sigues el tuyo.

Quienes entienden el estar sometido a *Allah*, como el estar sometido a lo que «Él» ordena mediante leyes y normas de estricto y obligado cumplimiento, que te guían hacia determinada conducta y que son acordes a una convención mental elaborada por mentes humanas ancladas en un determinado *maqâm*, están condenados a no salirse de estas normas de sometimiento, no pudiendo jamás, desvelar el truco, y perpetuando así el efecto del hechizo.

La pirámide es la esencia del poder; de la jerarquía y de la sumisión. Los esclavos en la base. Muchos esclavos, cuantos más, mejor. Los parásitos que viven de los esclavos, encima. Y en la cúspide, sobre todos ellos, la endiosada élite que somete al planeta entero y que maneja los hilos de todo cuanto sucede.

Actualmente, este hechizo de magia en base a la pirámide está presente en todas las culturas del planeta.

Busca cualquier foto de la «Imperial State Crown» del Imperio Británico. Verás que está rematada por un orbe que representa este planeta, con una cadena a todo su alrededor, que parte de lo que tiene inmediatamente encima, que en apariencia es una cruz patée. He aquí el conocimiento de lo que se esconde tras lo evidente. Si la cruz donde se supone que crucificaron a Jesús tenía forma de cruz latina, ¿por qué ésta no es una cruz latina? ¿por simple capricho? ¿por casualidad? Aquí no hay casualidades ni caprichos. Todo tiene su propósito y ellos son finos en su trabajo.

Si te fijas bien, podrás ver que en realidad no es una cruz, sino una pirámide cuadrangular observada desde arriba. Y en la cúspide de la pirámide se sitúa la piedra más antigua de toda la corona: el zafiro de Eduardo el confesor, que reinó en Inglaterra a mediados del siglo XI, y fue quien dirigió la construcción de la Abadía de Westminster.

Una pirámide sobre un mundo encadenado, en cuya cima hay un zafiro.

Pero a ojos de quien no sabe, esta pirámide cuadrangular, con un ojo sobre su cúspide, siempre será una cruz patée, con un zafiro en su centro.

No importa en qué cultura o en qué civilización, mientras haya una pirámide en el inconsciente colectivo, y millones de almas sientan sometimiento y devoción hacia ella, este tipo de magia seguirá surtiendo efecto.

Ellos emplean el inconsciente colectivo para dar fuerza a cada paso que su agenda refleja. Eso sí, siempre avisan de la manera más descarada que puedas imaginar; piden permiso y como nadie opone resistencia, pues nadie ve lo que ellos ven, el permiso siempre les es concedido, consciente o inconscientemente. De esta manera, «legalmente» tienen todo el derecho de hacer lo que quieran sobre toda piedra y todo bicho viviente que habite este planeta, pues el permiso les ha sido dado por los inconscientes esclavos que viven bajo sus pies.

Hacen tratos y contratos. Matan impunemente a quienes les complace. Ponen y quitan reyes. Llevan a las gentes de aquí para allá. Hacen y deshacen la realidad que les conviene. Dirigen el planeta entero y controlan todo lo que ocurre en él. Pero, créeme, no pueden hacer nada si no dáis vuestro consentimiento.

Esto es importante: su magia sobre vosotros no tiene efecto si vosotros la véis y no les dáis el crédito que ellos os demandan.

Y la pirámide es uno de los símbolos más potentes de su magia. Uno de los trucos para que esto funcione es meter en el incosciente colectivo que las pirámides las hicieron los esclavos. Una vez admites esto, ya han entrado. Has votado a favor y te han metido un gol. En efecto, la pirámide se construye a base de esclavos. Cuantos más esclavos, más ancha será su base. Y en la cúspide, siempre ellos.

Te aseguro que la tecnología empleada para la construcción de las pirámides de Gizeh no tuvo nada que ver con la mano de obra esclava. Eso es un cuento para que les des tu permiso consciente o inconsciente, para crear su realidad.

Tienen infiltrados en todas partes; de hecho, debido a uno de los puntos contemplados en su agenda, el trabajo de la casta parásita, en este tiempo prerrevolucionario, ha de hacerse más que evidente para los esclavos.

Y sobre todos los esclavos y parásitos, está lo más alto. Tan alto, que el tratamiento de alteza queda por debajo de quienes se sitúan en la cima de la cima; pues las altezas son cabezas visibles, y a ellos no se les ve. Ni siquiera se sabe que existen. La humanidad quedaría horrorizada si supiera en manos, no de quién, sino de qué está.

Su magia funciona con acuerdos. Un acuerdo es poderosísimo. Una vez percibes la realidad tal cual ellos te la muestran, y acuerdas que esto es así, si no deshaces ese acuerdo, te lo llevas contigo hasta el día de tu muerte, convencido de que el mundo es tal cual tú lo has visto. La humanidad entera es esclava de esta «élite», en base a los acuerdos que se han ido estableciendo, sean conscientes o inconscientes.

Hoy día se ha llegado al acuerdo de demonizar el Islam, y sobre todo a los musulmanes, por el simple hecho de que miles de inconscientes que presumen de llamarse a sí mismos musulmanes, ensucian el nombre del Islam mientras actuan hipnotizados bajo órdenes y doctrinas de señores feudales que trabajan para quienes verdaderamente manejan los hilos.

Todo esto de lo que te he hablado es Islam, ¿no? ¿Se parece en algo al Islam con el que sueñan estos *kafirún*, de imponer el analfabetismo, el fascismo y la incultura, y así pasar a vivir directamente tal como se vivía en la Arabia del siglo VII: sin luz eléctrica, ni radio, ni televisión, ni teléfono, ni coches, ni trenes, ni aviones; sino que la gente se desplazaría andando o en camello, haciendo sus necesidades al aire libre, y donde las mujeres irían tapadas desde los tobillos hasta la coronilla?

Eres lo que comes. Y el mayor enemigo del Islam no está fuera. Está dentro. Y le encanta comer borrego.

Pero no deseo desviarme del tema hablando de política, así que voy a seguir con los *arkán*.

Olvida lo que sabes hasta ahora. Olvida «la verdad» que ahora mismo se encuentra implantada en el inconsciente colectivo, es decir, olvida que los *arkán* son cinco. Imagina que no sabes nada. Haz *Tahara*; descontamínate.

Un ser inmaculado es un ser sin mácula de ningún tipo; es un ser que no posee mancha alguna; que no está manchado. Pero ¿dónde crees que está la mancha? ¿en la ropa? ¿en el cuerpo? La mancha está en la mente y esto afecta a las emociones, por tanto al corazón. La mente de un inmaculado no está contaminada con ningún tipo de prejuicios ni de normas mentales que coaccionan su conducta.

Vacía tu mente de todos esos conceptos y de todas esas verdades que el mundo te ha ofrecido y que la identidad mental que tienes de ti mismo ha adoptado como algo de su propiedad. Ni eres de tal religión ni eres de tal confesión. Es tu ego o identidad mental el que sí lo es. Nadie se da cuenta, pero todo el mundo cree ser su ego. Y el ego se siente cómodo ubicándose en la tradición de tus ancestros o en la tradición de los ancestros del primo de la vecina.

El Absoluto ni pertenece, ni está sujeto a ninguna tradición, camino o religión. El Existente no necesita de nada para Existir. Es Universal, y es lo Único; Común a todo lo creado. Es así de simple. No hay más. Lo demás son pajas mentales que tratan de dar explicación a algo que la mente jamás podrá explicar.

Las tradiciones y las religiones, más que caminos, son identidades del ego. Lo que tú Eres trasciende todo eso. Lo que tú Eres pertenece a otra órbita diferente. Por eso los discípulos de las religiones de la mente tienen vedado el acceso; porque están en otra órbita.

La concepción actual de las religiones, no es más que una creación del ser humano, acorde a un determinado *maqâm*; son adaptaciones llenas de simbología, en torno a la incomprensión de un conocimiento. Y conducen a lo que todos sabemos: ignorancia, confusión, perdición y esclavitud.

Y si pica o molesta esto que digo, si te niegan, si tanto saben, pregúntales por qué ninguno de ellos ha contemplado el Absoluto y por qué ninguno de sus pechos sabe qué es quedar impregnado de su Recuerdo. Todo esto se ha olvidado. Vagan perdidos sin saber de lo que hablan, convencidos de saber sobre lo que hablan, mientras llaman *bida'* al agua de manantial que una vez fue eso que ahora es el agua estancada de la charca en la que viven.

Y si se ofenden, si tanto saben, busca a alguno de ellos que no tenga su pecho cegado y que haya estado Presente Allí donde Mora la Eternidad. Todos te dirán que estás loco. Te dirán que es imposible. Te dirán que la Eternidad sólo se conoce después de muerto. Ellos son los muertos. Muertos en vida y no lo saben.

Cada criatura está llamada a peregrinar, al menos una vez en la vida, hacia la Vida. Pobres locos insensatos que esperan a estar muertos para conocer lo que, por seguir la guía de otros, han renunciado a conocer en vida.

Estas identidades mentales de lo que se cree que se es, podrán sentirse heridas u ofendidas con esto. Pero es algo totalmente normal en quien está contaminado y se identifica con lo que su mente, en base a la información que procesa, le dice.

Un manchado no percibe la realidad como la percibiría un ser puro; como la percibiría un recién nacido, que nada sabe del temor, del pecado, de la culpa o de los santos, y no conoce nada, excepto la *Fitra*.

Sólo cuando seas un niño, mejor aún, sólo cuando nazcas de nuevo, comprenderás mejor que la simpleza de la realidad, en nada se parece a la complicada manera de ver el mundo que tienen los gentiles. Mientras tanto, seguirás tapado como el resto de estos kafirunes seguidores del manual de instrucciones que establece lo que está bien y lo que no. Son tan hipócritas e ignorantes, que cuanto más deciden revolcarse en el barro que su tradición les impone, más convencidos están de estar limpios y puros. No importa en la cultura en la que se desarrollen sus vidas. Han nacido para vivir y para morir sin saber, bajo la sombra del miedo y de la coacción. Han nacido para vivir y morir en la esclavitud de las religiones de la mente.

Lo sepas o no, da igual, tu mente está contaminada. Toma consciencia, y cuanto antes procura liberarte de la mancha que contamina tu mente.

La contaminación distorsiona la percepción de la realidad, a la que todo gentil o ser lunar, está encadenado.

Nadie puede hacerlo por ti. Tú eres el único que puede descontaminarte del virus mental que ha desatado la esquizofrenia en este planeta, y que hace que este mundo sea un mundo de locos que no tienen arreglo.

Sólo cuando el último ser humano se haya liberado a sí mismo del virus mental, sólo entonces, la raza humana estará en condiciones de proclamar al universo entero, que el tipo de vibración inherente a los siervos de ese que durante milenios los ha inspirado, seducido, engañado y esclavizado, ha sido desterrada, y que el regente de este tipo de vibración, ha sido encadenado y devuelto al infierno del que procede.

Sólo entonces comenzará la era dorada en este planeta. No antes.

— Pero eso me parece una misión imposible, ¿no?.

Detente. Para por un momento de ver el funcionamiento de este mundo bajo esa óptica de humano. No pienses como un mortal. En este planeta, en cuestión de quince generaciones, no quedará ni rastro de la enfermedad mental, y la humanidad que conocemos, a partir de entonces, será percibida como una humanidad defectuosa; como una humanidad primitiva con una enfermedad mental congénita, denominada «sapiens»; el concepto que se tendrá de vosotros es bastante similar al concepto que vosotros tenéis de los australopithecus o de los neandertales.

Aunque he de admitir que tienes tu parte de razón en cuanto a lo de la misión imposible. Es imposible para los astros que orbitan en torno a *Kali*, pero no para las estrellas que ya están presentes en este tiempo. Este es un tiempo de héroes. Héroes encarnados en humanos; héroes especialistas en hacer que en los planos de experimentación como éste, se materialice como posible lo que los incapaces de siempre, llaman imposible.

Para poder hablar sobre *Allah*, habrás de saber qué es *Allah*. Y yo te pregunto algo bien simple: ¿tú sabes qué es *Allah*?

Si lo sabes, es porque lo has Experimentado. Si no lo sabes, olvídate de lo que sabes sobre *Allah*, pues eso que crees que sabes, no es más que un estorbo que proviene de tu mente; y más que posíblemente son conceptos paridos de intelectos procedentes de eruditos que jamás experimentaron esta Realidad.

Descontamínate; olvida todo lo que sabes. A la Comprensión de *Allah* no se llega por medio del intelecto ni del raciocinio; todo aquello que procede de la mente no puede entrar en la Morada.

Sólo cuando la persona borra lo que tiene en su mente, sólo entonces, estará en condiciones de percibir la Realidad; sólo entonces será digno. Y esto requiere de esfuerzo y de capacidad de lucha interior. Mientras tanto, sólo percibirá su realidad; la distorsión perceptiva que produce el mecanismo de filtraje que anida en su mente.

El *Yihad* es el esfuerzo. Deberás esforzarte. Al principio cuesta trabajo. Te lo aseguro. Pero con disciplina y con práctica, para cualquiera que goce de buena salud física y mental, y sobre todo tenga ganas de hacerlo, sólo es cuestión de unos cuantos días el conseguirlo.

El *Yihad* es el primero de los angulares. Y te repito que es algo imprescindible. Pues quienes no se esfuerzan y no tienen paciencia, no consiguen llegar a la meta.

Hacer *Tahara* es hacer descontaminación. Este es el segundo angular: la *Tahara*.

Sólo los niños se encuentran sin mancha, pues, como si de un disco duro virgen se tratase, sus mentes están limpias y no han sido formateadas, ni condicionadas ni contaminadas con tipos de conducta, ni con «enseñanzas», ni con «senderos rectos» ni con «caminos directos». Los niños perciben con suma facilidad el Estado Natural de todo lo creado, pues saben lo que Son desde antes de nacer. Poseen la mente vacía de contenidos, y no dan importancia alguna a ese Estado Natural. Lo perciben como lo normal.

El olvido de lo que Son, viene propiciado por la contaminación de sus mentes nada más nacer. Gracias a las cosas de este mundo de apariencia y de distracción, se descentran de lo que Son, para centrarse en las distracciones de este mundo, y pasan a adquirir una identidad mental de sí mismos, o identidad egótica.

Gracias a los estados de emoción generados por la impureza o suciedad que en la mente habita, han olvidado completamente de dónde vienen, dónde Están en todo momento, y dónde «volverán» una vez abandonada la emulación de realidades simultáneas que constituyen este mundo de formas y de materia. La Realidad Unica permanece velada y olvidada para ellos.

Debido a la «amnesia» provocada por causa de la suciedad mental, el Absoluto pasa a ser olvidado, «muriendo» y siendo sustituido por un concepto; algo asociado a una imagen, que nada tiene que ver con lo que en realidad Es. Es entonces cuando *Allah* pasa a ser asociado y emulado por un pensamiento; asociado hacia una imagen mental que acaba siendo idolatrada por quienes han olvidado lo que Son; y guiados por *Iblis*, en el ejercicio de la renuncia y de la negación de lo que Son, acaban rindiendo pleitesía y adoración hacia la proyección mental con forma de señor, al que el din en el que están inmersos les ha enseñado a servir y a sentirse inferiores y sometidos hacia él.

Te lo repetiré veinte mil veces si hace falta, pues considero que aunque es bien simple, es importante. Si lo que vas a hacer es tomar contacto con la Realidad Única; con El Reino que no es de este mundo, pero que a la vez está presente en él, habrás de estar limpio. Limpio de mente. Limpio de pensamientos. Vacío como un niño nada más nacer. Así que olvida todo lo que sabes, pues en el Reino del Absoluto, la mente no tiene cabida, y lo que sabes en este Estado, no te sirve de nada. La mente no es sino un velo o un estorbo para lograr la percepción del Absoluto. Así que borra lo que hay en tu mente y nace de nuevo.

Y si te dicen que la *Tahara* no es esto que te digo, diles que puedes estar revolcándote en el fango con los cerdos, y estar más limpio que la suma de todas las almas de estos asociadores adoradores de ideas y de conceptos, que tanto lavan su cuerpo y tanto descuidan el Espíritu.

Una vez haces *Tahara*, lo siguiente es hacer *Saum*, que es el tercero de los angulares.

Hacer *Saum* es abstenerse. El *Saum* es la abstención; el renunciar a hacer algo; el no hacer nada; la inacción. El *Saum* del Islam es el *wu wei* de *Lao-Tsé*.

Ojo. No pongas esa cara. Creo que te he dejado bien claro que debes hacer *Tahara*. El hecho de que los seguidores de *Lao-Tsé*, interpreten el *wu wei* como no actuar, no significa que esa sea la lectura de esta palabra que conduce a la percepción de la cara A.

Si cada enviado hubiera revelado a sus contemporaneos el mensaje tal y como él lo comprendía, ten por seguro que habría sido objeto de burlas, tachado de loco, o de incomprendido. O simplemente, por ser considerado blasfemo e irreverente, habría acabado decapitado, crucificado, envenenado, apuñalado, apaleado, apedreado o incluso quemado vivo en una hoguera, por los ciegos de siempre. Ciegos cuya misión es perpetuar la ceguera y la inconsciencia que durante milenios han regido sus destinos.

Los *arkán* de la cara B, son fruto de una decodificación hacia un nivel literal, elemental o primario; una decodificación muy básica, especialmente indicada para quienes orientan su espiritualidad hacia las cosas de este mundo. Y el resultado de dicha lectura es lo que tenemos ahora mismo: una tradición perpetuadora de la literalidad, que nada tiene que ver con aquello que dió origen a su creación.

Por eso el sentido oculto de la comprensión del mensaje, fue enmascarado bajo un disfraz literal cuyo soporte son las vivencias y las cosas de este mundo; para que llegado el tiempo en el que la gente estuviese preparada, el decodificador llevase a cabo su trabajo, permitiendo así la comprensión del sentido oculto del mensaje.

Pero yo no te estoy hablando del sentido de los *arkán* bajo la óptica de la cara B, que todo el mundo conoce; sino del sentido de los *arkán* bajo el prisma de la cara A, que conduce a la percepción de la Realidad Absoluta.

Así que no te extrañes de nada. Si quieres llegar allí donde todos llegan, haz lo que todos hacen. Si quieres llegar allí donde nadie llega, haz lo que nadie hace.

Tras la *Tahara*, viene el *Saum*. Una vez limpies tu mente, comienza a no pensar en nada; mantenla limpia, como si de una pizarra limpia se tratase. Abstente de pensar. Abstente. Haz *Saum*.

Lo normal es que te invadan los pensamientos, y que la mente no te deje hacer *Saum*. *Iblis* hará todo lo posible para inspirarte pensamientos que desvían tu atención, y así nunca puedas Experimentar lo que estás llamado a Experimentar.

Debes ser completamente consciente de cuando estás pensando y de cuando no piensas porque estás haciendo *Saum*. Y habrás de afinar tanto en distinguir esto, como quien distingue lo blanco de lo negro, en el espesor de un hilo.

El *Saum* ha de hacerse hasta que *Layla* se muestre.

Layla es un término que designa la ausencia de luz; de pensamiento; de cualquier cosa creada. Es una forma de referirse al Estado Inviolable. *Layla* es el amor de *Majnun*; el loco enamorado de *Allah*.

Los asociadores no conciben el Estado Inviolable como la más absoluta de las oscuridades, pues asocian al Absoluto con la luz. No saben que la luz es creada.

Hacer *Saum* no es cosa fácil, y el *Yihad* es imprescindible para conseguirlo; bueno, el *Yihad* es imprescindible para conseguir esto y para conseguir todo.

El *Salat* es el cuarto de los angulares. La palabra *Salat*, significa contacto; es estar en contacto con. El *Salat* es el proceso mediante el cual se toma Contacto con el Absoluto.

Más adelante te hablaré de la realización efectiva del *Salat*, pues sobre el *salat* simbólico, o de la cara B, que es asociado hacia una alabanza u oración, se han escrito compendios enteros, pero del *Salat* que te lleva a la consciencia de Contacto con el Absoluto, poco se sabe.

Para que me entiendas mejor, el *salat* simbólico, o lo que todos conocen como *salat*, es algo así como la ejercitación de la explicación de una receta de cocina, que se hace mediante gesticulaciones, pensamientos y recitaciones; o dicho de otra manera, es como el mapa de un tesoro, donde se te explica, mediante simbología, cómo se establece el Contacto con el Absoluto.

Y el *kafir* se altera cuando se le habla sobre esto, pues confunde la receta con el plato ya preparado, o el mapa, con lo que éste está representando, y no comprende ni soporta que haya alguien que le hable de lo que a él y a los suyos les está vedado. La ceguera del *kafir*, hace que éste esté condenado a asociar el mapa del tesoro, o *salat* simbólico o literal, de la forma, de la materia y del pensamiento, que durante mil cuatrocientos años ha sido transmitido de padres a hijos, hacia el Contacto con el Absoluto. No sabe que para establecer Contacto con el Absoluto, la forma, el pensamiento y la recitación, son distracciones que impiden hacer el *Saum* que posibilita que se haga de manera efectiva el *Suÿud* ante el *Rabb*. Y mucho menos es consciente de que el *salat* que lleva practicando toda su vida, encierra el secreto de esto.

El *kafir* asocia el contacto con su mente al Contacto con su *Rabb*. Y sin embargo esto es correcto, pues como buen gentil, su amo habita en su mente. El *kafir* es esclavo de su mente, y mientras centre su atención en su mente, despreciará el mirar hacia el *Rabb*. Y su *salat* mental, lejos de establecer el Contacto, le reforzará la identidad de su ego, configurándole una identidad mental de sí mismo, como persona piadosa que hace «lo correcto», y que cumple con los preceptos que marca la guía externa que heredó de otros, que condiciona su vida, y por la cual se rige. Presumen de doblegar su ego, mientras lo que hacen es totalmente lo contrario. Simplemente hacen lo que otros hicieron, convencidos, por causa de la mancha que al poco de nacer fue inoculada en sus mentes, que así es como se hace, y así es como ha de hacerse. Si les dieras un libro de recetas de cocina, ante tus ojos, se comerían hasta la última de sus hojas, pues habría sido asociado a la comida ya preparada. No saben leer de otro modo, pues la literalidad es su mundo, y los patrones de identidad egótica definidos en base a la tradición, están por encima de cualquier lectura que les lleve a evolucionar.

Aunque, si te soy sincero, he de romper una lanza en su favor, y los respeto más de lo que por mis palabras, pueda parecer. Se encuentran en ese estado porque no conocen otro, y sobre todo porque, hasta la fecha, estaba previsto que así fuese. El sol no sale cuando a uno le apetece, sino a la hora del alba. Lo han hecho hasta ahora lo mejor que han sabido, y lo que me conmueve de algunos de ellos es su intención; la intención por hacer las cosas bien. Y si no hubiese sido por esto, toda esta información no habría salido a la luz. Te estoy contando esto, porque ellos lo han pedido, lo han querido, y sobre todo, lo que ha hecho posible que salga todo esto, es que en el fondo de sus corazones, ellos así lo han sentido.

Al igual que todo lo creado, como reflejo que son de su Creador, ellos tienen el poder de crear. Y ya han comenzado a crear para sí la nueva realidad que tanto han anhelado. No tengas la más mínima duda. *Yibril* está ahí, y con su ayuda, será enderezado todo aquello que está torcido.

Mañana te hablaré con más detalle sobre este *rukn* que es el *Salat*. Ahora proseguiré con los demás *arkán*.

El quinto angular es la *Wilâyah*, que es el vínculo de proximidad o familiaridad que estableces con tu *Rabb*, una vez haces *Saum* y entras en Contacto con Él. Hay quien lo traduce como amistad o parentesco, pero la *Wilâyah* es la relación o vínculo de unión entre uno y Uno.

De aquí proviene la palabra *walí*, que viene a traducirse como amigo de *Allah*; álguien que tiene un vínculo «de amistad» con el Absoluto, y se reUne con Él a voluntad.

La condición de *kafir* o precintado, imposibilita la *Wilâyah*, porque separa lo que ha de mantenerse unido. La misión de los precintos es sellar los centros sutiles para así romper la relación entre lo creado y su Creador, y que de esta manera la percepción del vínculo permanezca velada.

Sólo un *walí* reconoce a otro *walí*, pues quien tiene *Wilâyah*, tiene la potestad de destilar el «perfume» de *Allah*, que sólo es reconocido por quienes ya lo han olido antes y saben cómo fabricarlo. Y un *walí* pasa totalmente desapercibido ante un *kafir*, pues el *kafir* está tapado; cegado. Es como una estatua que ni ve, ni oye, ni huele.

El sexto angular es el *Zakat*. La palabra *Zakat* significa crecer, expandirse. Y es lo que te ocurre cuando, mientras haces *Saum* y centras la atención en el *Rabb*, haciendo *Suyüd* hacia Él, estás inmerso en el *Tawwaf*, o lo que es lo mismo, flotas en la Preciada Morada, y notas cómo creces y cómo te expandes en ella. Cuanto más profundo y más adentro te metes, más creces y más te expandes. Y lo haces hasta el punto de perder la percepción de tu cuerpo físico, flotando en la nada o en el todo, según se mire, que es lo Único que Existe.

Quien logra hacer *Zakat*, logra trascender su cuerpo físico, o disfraz de criatura bajo el que hace su vida mundana, adquiriendo la consciencia de su Naturaleza Permanente.

El séptimo angular es el *Haÿÿ*, cuya doble consonante final suena igual que la última sílaba de la palabra francesa *garage*.

El *Haÿÿ* es la meta; es la llegada al destino. Con la llegada a la meta, se se resuelve el Contrato, Pacto o Convenio, que todo lo creado tiene hacia su Creador. Ese día la deuda contraída cuando se entra en este plano bajo la forma de criatura, queda saldada.

Así pues, cada criatura está sometida al Convenio. Y la esencia del Pacto radica en el retorno a Casa, en vida. Entrar, de manera consciente, en la Morada de la que todo emana, al menos una vez en la vida. Y es que toda criatura, tiene la obligación de saber lo que Realmente Es. En esto consiste la Alianza.

Cuando me preguntaste qué era *Tawwaf*, te dije que *Tawwaf* es el Estado que se Experimenta allí donde se Está antes de que nazca tu cuerpo y después de que muera tu cuerpo. Flotas en el Absoluto.

Para percibir en vida esto, habrás de romper los sellos y poner en marcha en completo y perfecto funcionamiento los siete centros sutiles alineados en torno al canal central, o conducto vertical, conocido como *Sirat al-Mustakim*.

El hacer *Tawwaf* o flotar en la *Kaaba de Allah*, en la simbología de la órbita B, se corresponde con dar siete vueltas en torno a la *kaaba* de ladrillo y de barro de este mundanal mundo; monumento construido por Abraham e Ismael, para que los humanos tuviesen presente la existencia de la *Kaaba de Allah*. Y quien no sepa peregrinar hacia la Morada del Absoluto o *Kaaba de Allah*, habrá de hacerlo conforme a su *maqâm*, trasladando su cuerpo humano, hacia la *kaaba* de este mundo de humanos.

— Mi Reino no es de este mundo, ¿no?

Correcto. La *Kaaba de Allah* es la Morada del Absoluto. Y no es de este mundo. Sin embargo está Presente en él. Se oculta bajo todo lo creado.

Por último, el octavo de los *arkán* o angulares, que es la *Shahada*. El término *Shahada* denota atestiguar, dar testimonio de algo.

Cuando has Experimentado lo que te acabo de describir, tu identidad mental, ilusoria o transitoria, o dicho de otro modo, lo que tú creías que eras, muere, o más bien se disuelve bajo tu identidad Real, Permanente e Inmutable. Adquieres entonces la consciencia de que no existe Dios, sino la Naturaleza Esencial de todo lo creado; sabes que la Realidad Inmutable no tiene nada que ver con toda la mitología que en su día te inocularon sobre la existencia de Dios. Que sólo Existe Eso que Existe, y no hay nada más que Eso. Que todo lo de este mundo, emana de esta Realidad Absoluta e Inmutable, y que Eso que no se puede explicar con palabras, está presente en todo lo creado, Siendo lo Único que Existe. Y percibes que Esta Realidad es indefinible e indescriptible y que la palabra infinito se queda corta para expresarlo. El llegar a la meta, también te lleva a conocer de primera mano qué es el *Salam*, esencia del Islam; la Mansedumbre que Mora en el *Seneh*.

Estás siendo testigo de que no existe nada, sino *Allah*; lo Único. Comprendes entonces que Muhammad es un *rásul*, o portador de un mensaje, y que no mentía; que decía la verdad.

Estás en condiciones de atestiguar, pues has Presenciado, que no existe Dios sino *Allah*, y que Muhammad es su mensajero. Y atestiguarlo es el deber de todo aquel que llega a la Meta, pues la *Shahada* es esto: el dar testimonio de aquello que has Presenciado.

Sin embargo, bajo la mundanal óptica B, el sentido de la Shahada ha sido prostituído y orientado hacia lo particular, rechazando su carácter universal. Te explico.

Quienes están en el *maqâm* del mundo B, afirman que la *Shahada* es el acto por el cual, uno se convierte en musulmán.

No saben que todo es musulmán, hasta los calamares. Todo, quiera o no quiera, está sometido a su *Rabb*. Y el acto de recitar la *Shahada* no tiene nada que ver con esto. Todo está sometido. Todo. Y esto es algo totalmente independiente de la *Shahada*.

¿Cómo vas a convertirte en lo que ya eres? Lo más que puedes hacer es tomar consciencia de eso que eres y reconocer tu condición de musulmán, pero no convertirte en lo que ya eres. Porque, quieras o no, ya lo eres, lo sepas o no.

La *Umma* es la comunidad de musulmanes que creó el Profeta Muhammad, y la inmensa mayoría de sus miembros suelen confundir el hecho de pertenecer a la *Umma*, con el hecho de ser musulmán.

Confundir la *Umma* con el Islam suele ser habitual. El Islam es el Islam, y la *Umma* es la *Umma*. Guste o no a «los que saben», el carácter del Islam es universal, y el de la *Umma* es particular. Sé que esto que voy a decir va a disgustar a unos cuantos y va a encantar a muchos más, pero así como la dimensión del Islam va más allá de toda la creación, lo que a fecha de hoy, la humanidad conoce como *Umma*, puede ser perfectamente comparado con una comunidad de intereses o una especie de club restrictivo de carácter ideológico, condicionado por ciertas normas basadas en escuelas jurídicas, que no pasan de un determinado nivel de comprensión o *maqâm*, y cuyo carácter no es universal sino particular, porque sólo afectan a una insignificante porción de la Creación, compuesta por unos cuantos millones de seres que hacen su vida en un planeta llamado Tierra, y a los que les encantaría ver a toda la Creación sometida bajo su particular visión de la realidad. ¿Esto es el Islam?

Aunque los sabios te enseñen lo contrario, en un club se entra. En el Islam no, porque ya estás dentro, aunque no lo sepas. Que no te engañen los engañados.

¿Puedes convertirte al Islam? No.

¿Puedes convertirte en miembro, o en socio de un club? Sí.

No puedes convertirte en lo que ya eres. Lo que sí puedes hacer es reconocerte o tomar consciencia de ello.

Lo que se conoce como conversión al Islam, oficialmente no es más que la aplicación de una convención mental, a través de la cual uno se reconoce musulmán, pero oficiosamente te diré que esta fórmula realmente no hace que seas tú quien se reconoce musulmán, sino que son los miembros del «club», quienes te reconocen como uno de los suyos. La *shahada* del *maqâm* B, no es más que eso; es el acto por el cual, los miembros de la *Umma*, te reconocen como uno de los suyos.

¿Acaso para adquirir la Consciencia de estar sometido a tu *Rabb*, necesitas testigos?

Todo está sometido a su *Rabb*, y las fórmulas, vengan de donde vengan, sólo son meras convenciones mentales pensadas para un determinado público que se corresponde con un determinado *maqâm*.

El planeta entero está llamado a reconocerse a sí mismo musulmán y el Islam está llamado a brillar en su dimensión universal, pero eso no será una realidad tangible hasta que todos los miembros de la *Umma* tomemos consciencia de que no se puede entrar donde ya se está dentro, y de que lo que hoy se conoce como conversión, no es más que una fórmula para que un ego, o identidad mental que se tiene de uno mismo, sea considerado por otros egos, miembro de una colectividad de egos, o identidades mentales que ellos tienen de sí mismos.

Soy cristiano, soy musulmán, soy budista. ¿Realmente Eres eso? Esa es la identidad mental que tú tienes de ti mismo. Lo que tú Eres no es eso. No eres el fruto de una ideología. El folklore, las pasiones y las ideologías vienen de la mente. Y tu Identidad Permanente es Algo vedado al reino de la mente.

Te decía que bajo la mundanal óptica B, el verdadero sentido de la *Shahada* ha sido prostituído. Esta palabra viene a significar atestiguar, dar testimonio, o dar fe de algo. Y ahora te aclaro en qué sentido ha sido prostituído.

Si yo presencio un accidente de tráfico, y por tanto, soy testigo de ello, puedo dar fe o testimonio sobre lo que allí he presenciado; sobre eso que ha ocurrido, que yo he visto. Y si me preguntan sobre los detalles, podré dárselos perfectamente, porque he sido testigo de lo que ha pasado.

¿Puedes tú dar testimonio de lo que allí ha sucedido? ¿Puedes tú dar testimonio de algo que no has presenciado? Evidentemente no, pues para testificar, se hace necesaria la figura de un testigo, y tú no has presenciado tal hecho.

Te digo esto porque si yo he llevado a cabo los ocho *arkán*, y he Presenciado lo que he Presenciado, o he Experimentado lo que he Experimentado, y por propia Experiencia te doy testimonio de que en verdad Dios no existe, sino *Allah*, y que Muhammad es su mensajero, ¿cómo sabes tú que esto que digo yo es cierto? ¿Cómo sabes tú que no te estoy mintiendo o que no estoy loco? Sólo lo sabrás cuando tengas La Experiencia; cuando seas testigo. Y no podrás dar testimonio de lo que no conoces hasta que lo conozcas.

Al no haber Experimentado Esto, a lo más que podrás llegar, es a dar testimonio de que tú estás en la creencia de que en verdad esto es así. Pero nunca podrás testificar sobre algo que no has presenciado, y mucho menos asegurar que esto sea así, hasta que no saltes de la órbita de la creencia, a la órbita de la experiencia.

Si tú testificas sin haber sido testigo, por el mero hecho de que alguien te haya transmitido una creencia no comprobada por ti mismo que tú has adoptado como cierta, de manera inconsciente estarás llevando a cabo un falso testimonio. Puedes dar fe de que tú estás bajo la creencia de que esto es así, pero no puedes dar fe de que esto es así, hasta que no lo hayas Presenciado y comprobado por ti mismo.

¿Qué clase de validez puede tener un testimonio basado en una creencia no comprobada por uno mismo? ¿Cómo te atreves a dar fe, o a testificar sobre algo de lo que no has sido testigo? ¿Cómo te atreves a igualar la ciencia de la experiencia, a la ciencia que va de la boca al oido? ¿Qué clase de hipocresía es ésta?

Aunque el creyente piense lo contrario, la convicción sólo la da la experiencia, y no la creencia. Y no hay mayor acto de hipocresía que vivir bajo la convicción de que conoces aquello que desconoces.

Y ahora ¿te importaría repetirme cuántos y cuáles son los *arkán* o angulares?

— A ver, son ocho: Yihad, Tahara, Saum, Salat, Wilâyah, Zakat, Haÿÿ y Shahada.

Correcto. Y si cinco angulares conforman una pirámide cuadrangular, ¿qué figura obtenemos con sólo ocho angulares?

— ¿Una caja? ¿un cubo?

Correcto. Un cubo, o dicho en lengua árabe, una *kaaba*. El Secreto no se oculta en una pirámide. El Secreto donde Mora el Absoluto reside en la *Kaaba*. O dicho de otra manera, la Morada del Absoluto está en la *Kaaba*.

Y por hoy ya está bien. Mañana, más.

FES

JUEVES 14 DE AGOSTO DE 2008

Ayer nos quedamos en que el Secreto está en el Cubo. Así pues, mediante la ejecución efectiva de los ocho *arkán*, el misterio de la *Kaaba* queda desvelado, quedando resuelto el Pacto, Convenio o Alianza establecido entre el Creador y su creación.

La *kaaba* de piedras y de barro, monumento que Abraham e Ismael construyeron, es una guía en tres dimensiones, sobre cómo resolver el Convenio o saldar la Deuda. Es una manera de indicar dónde se encuentra la *Quibla*, o dirección hacia la que se ha de hacer *Suÿud* hacia el *Rabb*. Pero quien no se encuentra a la altura del estado espiritual de Abraham, o *maqâm Ibrahim*, es incapaz de leer lo que este mapa de forma cúbica encierra, y vuelve a confundir una vez más el mapa con lo que éste está representando, tomando como *quibla* la propia *kaaba* de barro y de piedras, asociando este lugar físico con la Morada de *Allah*.

Sólo quien se encuentra en el *maqâm Ibrahim*, está bajo resguardo. Sólo quien se encuentra en el *maqâm Ibrahim*, por propia experiencia, posee el conocimiento de cómo se llega conscientemente a la Morada de *Allah,* oculta en el interior de lo creado; en lo más profundo de cada criatura; en el centro del centro del *Seneh*. La Morada de *Allah* es la Casa del *Salam*: la *IeruSalam*.

Pero el *maqâm* del mundano habitante de la materialista realidad B, hace que la *quibla* esté orientada hacia una *kaaba* de piedras y de barro, renunciando así a hacer *Suÿud* hacia el Lugar Inviolable: la *Kaaba de Allah* o *IeruSalam*. Una misma *Quibla*, representada en dos «maquetas» que se encuentran repartidas en dos puntos diferentes del planeta Tierra. ¿O es que no sabías que en la Jerusalem B, o de materia, también hay otros ocho *arkán* o angulares? La *kaaba* son ocho angulares que conforman una estructura tridimensional, pero ¿cómo se llama a esto si la estructura es bidimensional?

— *¿Octógono?*

Exacto. ¿Y qué hay en la Jerusalem de la espiritualidad de la materia, que sea octogonal? Pues la Cúpula de la Roca. ¿Crees que esto es casualidad? ¿Crees que su planta es octogonal por simple capricho?

Los ocho *arkán* son importantísimos. Y de este término *arkán* provienen las palabras Arca y Arcano, pues los ocho angulares conforman una caja o arca, independientemente de que ésta tenga forma cúbica o de prisma rectangular. Y en cuanto a Arcano, cuya forma latina es *Arcanus,* posee varias acepciones: cerrado, inaccesible, oculto.

Hay eruditos que afirman que *Arcanus* tiene su origen etimológico en el prefijo griego *Arkho (άρχω)*, cuyo significado viene a ser primero, principal. No van por ahí los tiros. Estas dos palabras semánticamente no tienen nada que ver.

Si no sabes de lo que hablas, el exceso de datos en tu mente te suele confundir. Fabricas hipótesis que confunden las churras con las merinas por el simple hecho de que ambas sean ovejas. Si no conoces aquello de lo que hablas, no especules. Mejor estate quieto y no crees más confusión de la que hay.

El origen de *Arcanus* es bien simple y está bien claro.

La palabra *Arcanus* deriva de Arca, que es caja. Hay quien piensa que *Arcanus* es un adjetivo de Arca. Hay teorías que afirman que el significado de Arcanus es «guardado dentro del Arca»; «protegido dentro del Arca», que luego, con el paso de los siglos, la palabra ha evolucionado hacia «oculto» e «inaccesible».

Pero te digo yo que su origen etimológico no tiene que ver con guardar ni con proteger ni con ocultar. No es un adjetivo procedente de esta palabra.

Esta palabra es una palabra resultante de la unión de dos palabras. ¿Y qué palabras son éstas? ¿Sabes lo que es el Agnus Dei?

— El Cordero de Dios.

Pues sí, y ya te conté lo que era el Cordero o Manso en el *Seneh*. Y si yo digo *Arca Agnus Dei*, estoy diciendo Arca del Cordero de Dios. Y si leemos juntas las palabras Arca y Agnus, ¿qué obtenemos? Arcagnus. De aquí procede la palabra *Arcanus*, de Arcagnus.

La palabra *Arcanus* hace referencia al Arca del Cordero; es el Arca que contiene el Secreto del *Salam* o Cordero. De ahí el sentido de cerrado, de oculto y de inaccesible. Esto no es ni más ni menos que la base de lo que se conoce como Arca de la Alianza, del Pacto o del Convenio.

— Pero todo el mundo sabe que el Arca de la Alianza es algo físico; una caja hecha de madera de acacia, forrada de oro por dentro y por fuera.

Claro, y la *kaaba*, que es un edificio de ladrillos y de barro, también es algo físico. Y lo que el mundo B conoce como Jerusalem, es un lugar físico. Y la *Menorah* es un candelabro físico de siete brazos con siete llamas encendidas. Y el *salat* del *maqâm* B, se realiza con movimientos físicos. Y todo esto que es físico; pertenece a la espiritualidad de quienes hacen sus vidas acordes a un *maqâm* de lo físico, de la materia, de lo mundano, o de este mundo. Y cada una de estas cosas físicas, tiene su correspondencia con la Espiritualidad que te lleva hacia la Realidad Absoluta.

El Arca de la Alianza, también conocida como Arca del Tabernáculo, en lugar de haber sido construida en forma de cubo, fue construida en forma de prisma rectangular, empleando la razón o proporción aurea entre los lados de dicho rectángulo. Así pues, la caja no sólo encerraba secretos en su interior, sino también en su exterior. Y se guardaba en un lugar llamado tabernáculo, que en un principio comenzó siendo una tienda, para posteriormente acabar siendo una *kaaba* o construcción cúbica de unos diez metros y medio de largo, por unos diez metros y medio de ancho, por unos diez metros y medio de alto, ubicada en el lugar más santo de todos, o *Sancta Sanctorum*, del templo que Salomón construyó.

¿Y sabes cómo se dice tabernáculo en hebreo? Pues se dice *mishkán*, cuyo significado es el de morada. La palabra *mishkán*, procede de la raíz *shakan*, que significa literalmente morar, residir o habitar.

Sakina es un término árabe empleado para referirse al Sosiego, la Mansedumbre la Paz y la Tranquilidad propias de la Presencia en la Morada del Absoluto o *IeruSalam*. Y la palabra hebrea correspondiente a esto es *Shekhiná*, que procede de esta misma raíz *shakan*, que denota morar o habitar. Estar en *Shekhiná* es estar en la Morada, o en Presencia del Absoluto.

Así pues, tanto el arca como la *kaaba* no son más que construcciones de este mundo de materia, que sirven de modelo, representación gráfica tridimensional o recordatorio, de lo que encierra la *Kaaba de Allah* o el Arca de la Alianza. En realidad la *Kaaba de Allah* y el Arca del Pacto, son dos maneras diferentes de referirse a una misma cosa; las dos apuntan hacia lo mismo. Te lo estoy diciendo. Tanto la caja de madera y oro conocida como Arca de la Alianza, como la edificación conocida como *kaaba*, son objetos materiales orientados hacia un público que vive su espiritualidad conforme a la cara B. En realidad no son más que formas, no más trascendentes que cualquier monumento que conmemore o represente algo. Pero el *maqâm* de los gentiles lleva a éstos a agarrarse a lo tangible.

Ambos son recordatorios físicos y tangibles, pertenecientes a este mundo de materia, cuya función no es otra que representar los ocho *arkán* o angulares que conforman la Caja, Arca o Kaaba que encierra el Secreto de la Experimentación de la Realidad Absoluta.

Pero en este mundo de locos, quienes hacen sus vidas bajo la percepción babilónica de la realidad, continúan buscando una caja de madera, que interpretan es un objeto de poder, que sus mentes, inspiradas por esa enfermedad mental que es el *Shaitán*, relacionan con la invencibilidad de un pueblo elegido por un dios de los ejércitos, racista, fascista, irascible, vengativo, rencoroso, y sobre todo, exterminador.

Fantasía infantil de gentiles de corte babilónico, que fascinados por *Ba'al*, o su señor, y por la sensación de poder que otorga el sentirse superiores y elegidos por éste, interpretaron y adulteraron un legado, bajo su mentalidad y de manera literal, y se aferraron a la creencia de que la maqueta de la Morada, o «kaaba portátil», encerraba algo tan sagrado, tan sobrenatural y tan peligroso, que sólo el sumo sacerdote podía ser digno de abrirlo mientras pronunciaba el nombre secreto. Y es que la pésima lectura de su legado, les llevó a asociar un nombre a Aquello que no es susceptible de tenerlo, y les llevó a esperar que éste fuese pronunciado sólo por quienes conocían el nombre. Confundieron el hecho de hacer una invocación con el hecho de llamar por un nombre, como si de una persona o de un animal se tratase. Son las cosas de Babel.

¿Por qué el Arca estaba hecha de dos superficies de un material conductor como es el oro, separadas por una superficie de material no conductor, como es la madera de acacia? Pues mira, ya te he dicho que yo hablo de lo que sé. Y , que se sepa, la caja o Arca aún no ha sido encontrada, así que poco o nada puedo hablar sobre lo que ésta contenía, si no es por el legado escrito referente a ello.

Lo que a continuación te voy a explicar, te va a ser fácil de entender porque hoy día se sabe qué es el electromagnetismo y la contaminación electromagnética. Todos: humanos, animales y plantas, tenemos nuestra huella electromagnética, o sello personal. Y este sello o esta huella, se corresponde con un código de latidos electromagnéticos determinado, acorde a nuestra experiencia y a las vivencias que hemos de experimentar. Somos algo así como instrumentos musicales que emiten señales de radio; somos cajas de resonancia electromagnética. Todos emitimos nuestras secuencias de códigos y con ello atraemos aquello que nos ha de suceder. Y todo aquello que nos acontece es siempre acorde a nuestro *maqâm*. Jamás te va a llegar algo para lo que no estés preparado. A no ser que alteres tu código de manera no natural. ¿Qué quiero decir con esto? Que es posible alterar el código de manera provocada.

Por propia experiencia sé que en Egipto existió una tecnología heredada de otros, que el hombre actual no es capaz de concebir. Y yo estoy convencido de que Moisés salió de allí con conocimientos sobre esta tecnología. Puede sonar fantástico esto que te voy a contar, pero hace trescientos años era aún más fantástico e impensable que se pudiesen grabar voces e imágenes, y hoy se ve esto como lo más normal del mundo.

De la misma manera en que hoy día se puede grabar audio y video y ser reproducido a voluntad, hace miles de años, quienes poseían la ciencia para crear de manera artificial los bloques empleados en la edificación de pirámides en Gizeh, también poseían la ciencia de la fabricación de un material pétreo, susceptible de ser imbuido o empapado de la resonancia del latido electromagnético que emitiese una persona. Esto te puede sonar a ciencia ficción, e incluso puede tirar por tierra la credibilidad de todo lo que acabo de decirte anteriormente, pero te aseguro que aún existen vestigios de este material, y yo he interactuado con uno de estos fragmentos que en su día fue programado con una secuencia de códigos de memoria sutil, y que se corresponde con uno de los aspectos que he venido a trabajar. Pero de momento no puedo darte más detalles al respecto.

Cada centro sutil del cuerpo humano, emite una «luz», o si lo prefieres, «sonido» diferente, pues cada uno oscila dentro de su rango de frecuencias correspondiente. Y esta piedra, a manera de esponja, absorbe la frecuencia o la combinación de frecuencias a la que ha sido expuesta, y queda imbuída de ella, vibrando a esta frecuencia. ¿Para qué sirve esto? Pues para lo mismo que sirve una grabadora de voz. Para recordar o recrear.

Imagínate que quiero mostrarte cómo es la vibración de un cuarto chakra, pues me voy a la «grabación», la coloco frente a tu cuarto chakra, te centras en ella, la sientes, y una vez reconocida y «memorizada», ya puedes recrearla tranquilamente en tu casa, tantas veces como quieras, como si de una melodía se tratase. La vibración del cuarto chakra se corresponde con el *Salam*. Y el *Salam* es lo que ha ido pasando de pecho a pecho, de maestro a discípulo, a lo largo de generaciones, como si de la llama de una antorcha, otra antorcha encendiese.

Pero no quiero extenderme sobre esto, y voy a ir al grano. Se dice que el Arca guardaba las tablas de la ley, escritas en piedra. Y yo personalmente, y esto es cosa mía y de nadie más, porque al no haber aparecido el Arca, todo lo que hay al respecto es pura teoría, pienso que estas tablas estaban hechas de este tipo de material pétreo que, te repito, yo he conocido. Vamos a ver, mi opinión es que lo que Moisés guardaba en el Arca, era piedra imbuida del latido electomagnético o vibración que el cuerpo humano o caja de resonancia electromagnética emite, cuando se está ante la Presencia del Absoluto. La caja custodiaba la «grabación»; la «voz» del Absoluto. De ahí que el babilonio que reinterpreta los escritos y los reedita bajo su óptica, hable de la voz de Dios y de su ley escrita en piedra.

Las gentes de mentalidad babilónica asociaron el Absoluto hacia la imagen mental de un dios que dicta leyes y que se comunica con los humanos mediante un artefacto; un dios de los ejércitos que los convierte en invencibles por causa de estar él presente en una caja, que ha de ser llevada al frente de batalla. Si tan invencibles eran, y tan dios de los ejércitos era su dios, ¿por qué Nabucodonosor II conquistó y destruyó la ciudad de Jerusalem, templo incluido, provocando que el Arca desapareciese de las manos de quienes la custodiaban?

Ese templo fue edificado por Salomón, con el objeto de mantener el Arca en un espacio puro; en el lugar más sagrado de todos o *Sancta Sanctorum*, que estaba imbuído por la vibración de aquello que custodiaba el Arca. Allí sólo entraba, quien, a voluntad, podía reCrear en Sí, el Absoluto.

Así que por un lado, para evitar lo que ocurre cuando acercas un imán a una tarjeta de crédito, lo que contenía el Arca debía estar lo más alejado posible de cualquier interferencia de latidos contaminantes. Y por otro lado, como protección hacia la salud física, mental y emocional del *kafirún*, pues quien no tiene los precintos rotos, y se expone a los efectos de esta «grabación»", corre el riesgo de, o bien no enterarse de nada, por estar completamente «sordo» y completamente «ciego», con lo cual sería totalmente inmune, o bien, en caso de tener la más mínima apertura en uno de sus precintos y no estar preparado, correr el riesgo de sufrir una experiencia que lo dejase colapsado, quedando cegado y cautivado por lo que hay tras la muerte, abandonando la consciencia de este mundo y mudándose allí a vivir; dicho de otro modo, muerte física.

Así que los gentiles, en el atrio de los gentiles, que para eso está.

Pero no hagas mucho caso a esto último que te he dicho, que el contenido de la caja aún no ha salido a la luz, y por tanto, no merece credibilidad alguna. Puedes tomarlo a modo de hipótesis o de teoría.

Y aunque hoy día la mayoría de la gente no comprenda que lo que de verdad importa no es un arca de madera y oro que encierra cosas materiales, sino el Arca que encierra el Cordero, tú haz público todo esto.

— ¿Y el hacer pública toda esta información que me estás dando, los hará comprender?

¿Acaso piensas que la higuera da cerezas? ¿Crees que la mayoría de los gentiles está preparada para saltar de órbita? El hecho de leer lo que tú escribas sobre esto de lo que te hablo, no los va a llevar a la iluminación. De hecho puede que a raíz de todo esto, mantengan una postura aún más fanatizada en torno a su mundo de creencias y de tradiciones. A no ser que se quiten la venda y que se pongan las pilas, te aseguro que no se van a iluminar. Y créeme, conozco sobradamente a los gentiles. Ni revisan ni cuestionan sus creencias, ni siquiera se plantean si están bien dirigidos. Prefieren no hacer *Yihad*. Es más cómodo que te lo den todo hecho.

Esta información que has de publicar, va destinada a los míos, unos «elementos» que ahora mismo son durmientes, bajo la condición de *kafirún*. Cientos de miles de los de mi Casa, que estamos dispersos y repartidos por todos los rincones del planeta, allí donde menos te lo esperas. Sólo están esperando la llave. Sólo eso. Y a cada uno le será llegada a su tiempo. Ellos sólo tienen que usarla para activarse, pues no han venido a morir como el resto, sino a Vivir y a enseñar a Vivir a los que vienen. Esto ya es imparable, créeme.

¿Tú sabes por qué te cuento todo esto? Pues porque uno de los *arkán*, la *Shahada*, conclusión a la que se llega tras Experimentar todo Esto, me obliga a dar testimonio de Aquello que he Presenciado: el Secreto que encierra la *Kaaba de Allah*, o *Kaaba-al-lâh*; el Secreto «Kaabalístico» por excelencia. Y lo hago en honor a la decencia y la justicia, como respuesta a la petición de millones de almas, que claman por el fin de tanta superchería, de tanta falsedad y de tanta injusticia, provocadas por quienes edifican sobre misterios, dogmas, y creencias inciertas o no experimentadas. Y sobre todo, lo hago porque tengo vía libre para hacerlo. Y ya está. Y te ruego no me preguntes más sobre esto.

— De acuerdo. Hay algo que has dicho antes, que me ha llamado bastante la atención, y es el ejemplo que has puesto con el Salam y las antorchas que se encienden de maestro a discípulo. ¿Podrías hablarme un poco más sobre esto?

Me estás preguntando sobre el Secreto. El Secreto que va pasando de pecho en pecho, de la misma manera que se pasa el fuego de la llama olímpica, que va de corredor a corredor. «La llama» se ha ido transmitiendo de *sheikh* verdadero a *sheikh* verdadero, desde los tiempos de Muhammad.

Es una cadena de transmisión que recibe el nombre de *sílsila*, y cuya procedencia viene desde el propio Muhammad, a través una cadena de *sheikhs* o maestros, hasta nuestros días.

Desde entonces han pasado más de mil cuatrocientos años. ¿Cuántos «fuegos olímpicos» crees tú que han sobrevivido desde entonces? ¿Cuántos pechos crees que tú que permanecen hoy día con su «llama»? El número resultante de esto, es el número de *sheikhs* verdaderos que quedan. Pero por favor, no me respondas a esto. Piénsalo y guárdatelo para ti.

Imagínate por un momento, que todos los portadores de «la llama» mueren o desaparecen. ¿Qué ocurre entonces? ¿Dónde está «la llama»?

— No hay llama. Habría que encender de nuevo el fuego. Tendría que venir de nuevo alguien a transmitirla. ¿No?

¿Y si no viene nadie porque Muhammad es el último y el que sella la tradición profética?

— Pues entonces habría que buscarse la vida y aprender a hacer fuego.

¡Exacto! He aquí el cúlmen que cierra el sello Muhammadí. Nadie pasó la llama a Muhammad y sin embargo, él paso la llama a otros. Y si nadie se la pasó, ¿cómo podía tener este hombre la llama? Muy sencillo. Fue él mismo quien hizo el fuego que la encendió, pues le fue dado pleno conocimiento del sentido oculto del mensaje que traía. Sin embargo aquel no era el tiempo de la transmisión del legado oculto o esotérico, sino de la transmisión del legado literal o exotérico. Si la gente de ahora no está preparada para lo que luego te contaré, ¿lo iba a estar la gente de hace mil cuatrocientos años? Si él hubiera hablado, le habrían cortado la cabeza.

— ¿Y quieres tú que yo publique esto?

Si publicas esto, tal cual yo te lo estoy transmitiendo, quienes de verdad son musulmanes, están obligados a respetarte, pues aunque la lectura que se extrae de mi *maqâm* sea diferente a la suya, yo no me aparto un ápice de la letra, y lo que yo digo se acerca más al significado literal de la palabra, que la lectura que tienen ellos. Pues *Yihad* es esfuerzo, *Tahara* es descontaminación, *Saum* es renunciar a hacer, *Salat* es estar en contacto, *Wilâyah* es familiaridad, *Zakat* es expandirse, *Haÿÿ* es la meta, *Tawwaf* es flotar, *Shahada* es atestiguar, testificar sobre aquello que has presenciado, *kafir* es tapado, cubierto, cegado como se ciegan los pozos y *Tawhid* es el *Tao* del *Wáhid* o llegar al Uno.

Lejos de criticarte, te respetarán y sabrán valorar el *Yihad* que estás haciendo. Pero cuídate de las serpientes. Están por todas partes. Donde menos te imaginas.

Muhammad se llevó consigo el secreto de cómo llegar al Secreto, si bien dejó la fórmula codificada, para ser decodificada por el decodificador, el día en que el conocimiento se hace visible o día del conocimiento, o lo que es lo mismo, el día en que Ulises tensa el Arco que nadie pudo tensar, sino él.

Cómo desvelar el Secreto, en sí es todo un secreto. Es el «secreto de mi Secreto». El Secreto es «la llama», y el secreto que encierra el Secreto es cómo crear tú mismo «la llama», sin necesidad de que nadie te la transmita. Pero como todo en esta vida, hay que trabajarlo. Hay que hacer esfuerzo. Hay que hacer *Yihad*.

El mundo lleva milenios bailando al son de la cara B, porque la Realidad de la cara A permanece velada, y por tanto, «no existe».

Cada cosa que haces tiene su resultado. Si pretendes obtener resultados diferentes de los que ahora tienes, detente. Algo estás haciendo mal, que no te da el resultado que pretendes conseguir.

Hay un dicho que dice que el mejor momento para plantar una palmera es hace quince años. El segundo mejor momento es ahora. Si llevas quince años plantando dátiles, y ninguno de los dátiles germina, ¡párate! Aquí hay algo que falla.

¿Conoces a alguien que sembrando dátiles sobre mármol pulido, blanco e inmaculado, haya obtenido alguna palmera?

Si quieres ser como son ellos, y saber lo que ellos saben, sólo tienes que hacer lo que ellos hacen. Seguir sus pasos será lo ideal para ti, siempre que tu objetivo sea ser como aquellos a quienes sigues.

Pero si tu objetivo es acceder a la Realidad Absoluta de manera consciente, ¿a cuántos de los mil setecientos millones de practicantes del sentido literal de la letra, conoces que hayan llegado a la experimentación consciente de dicha Realidad? ¿no crees que aquí falla algo? Ellos piensan y hacen según su *maqâm*, pero el resultado que pretenden jamás se les desvela; permanece oculto.

Haz como esa persona hace y seras como él. Vive como esa persona vive y vivirás como él.

La imitación es un principio innato en los hábitos de comportamiento de los primates, y el hombre, como primate que es, no va a ser una excepción, por mucho que, inspirado por *Iblis*, se crea superior y diferente al resto de la creación.

Imita quien no es original; quien ha nacido para hacer *dzanb*, siguiendo los pasos de otros, sin que el discernimiento y el criterio importen; sin saber si estos a quienes siguen, están bien o mal guiados. Imita quien no da para más o quien no tiene los cojones que hay que tener para hacer su *Yihad* personal, con la dirección y el criterio de uno, sin que nadie desde fuera te marque por donde has de ir. Entre *Allah* y tú no hay nadie. Ni siquiera hay «entre». ¿Entiendes?

Y aquellos que te dicen que estás loco, que tú no puedes llegar, lo hacen porque en el fondo no desean ver en ti lo que ellos jamás llegarán a ser. Te dicen que tú jamás llegarás porque son conscientes de que ellos jamás llegarán, y piensa el ladrón que todo el mundo es de su misma condición.

No les hagas caso. No sigas sus pasos. Sé tú el que va delante. Abre tú la ruta. Sé el que va delante abriendo camino. Si ninguno de ellos llega, ¿por qué ir tras sus pasos? ¿Quieres ser como ellos? Adelante. ¿Quieres obtener un resultado diferente al que ellos obtienen? Pues deja de hacer lo que ellos hacen y ponte a hacer lo que tienes que hacer.

Antes te dije que el término *Salat*, denota estar en contacto, y que el proceso mediante el cual se toma Contacto con el Absoluto se denomina de esta manera: *Salat*.

Que te quede esto claro: para establecer el Contacto, no habrás de seguir los pasos de nadie. Estarás solo. Esto es un asunto personal entre tú y Tú. Habrás de ser el que no necesita un guía para ser guiado, porque tu guía la llevas dentro. No sigas los pasos de quienes nunca han obtenido el resultado que tú persigues, y ten siempre esto en tu cabeza: *Yo soy el que va delante*.

Sin embargo, lo que el mundo entero conoce como *salat*, nada tiene que ver con lo que te voy a hablar. El *salat* que el mundo conoce es un ritual especialmente indicado para el habitante de la era *kali yuga*, que ha de seguir los pasos del que está delante, pues el humano medio de esta época, no sabe cómo tomar Contacto con la Realidad Absoluta, ya que está tapado o sellado, permaneciendo ciego o velado ante ella.

Y hasta el tiempo de la llegada de la Hora, o fin del *dunya*, este es el *salat* de quienes permanecen velados.

El *dunya* es esta realidad transitoria o mundo físico en el que vivimos. Y en algunas personas ya ha llegado a su fin; esto es lo que llaman el fin del mundo. El fin del mundo no es lo que estas víboras que llevan milenios guiando a la humanidad, han susurrado en el inconsciente colectivo, para, dada nuestra aceptación y nuestro consentimiento, poder materializar de esta manera, millones de muertes en masa.

El *dunya* no se acaba como la gente piensa que va a ser el fin del mundo, con los muertos saliendo de sus tumbas, como si de una película de zombis se tratase, sino que, con la percepción de la Realidad Absoluta, esta realidad ilusoria que es el *maya* o *dunya*, se diluye en otra Realidad; en la Única Realidad.

Es el «fin» de la realidad, que da paso al «nacimiento» de la Realidad.

¿Va a ser lo mismo saber, por propia experiencia de morir antes de morir, lo que pasa cuando uno se muere, que no saberlo? ¿Vas a enfrentarte al día a día, sabiendo por propia Experiencia que Eres Eterno e Indestructible, que teniendo una idea o concepto mental de lo que eres, sin saber realmente lo que eres, y con miedo a abandonar este mundo?

Así pues, la idea que tenemos de la realidad, será fulminada por la experimentación de la Única Realidad. Con lo cual será el fin del monopolio del *dunya* como realidad creadora de la enfermedad mental del ser humano. Aunque evidentemente el *dunya* seguirá existiendo como realidad, sin embargo será percibido desde otro ángulo de visión.

Pero volvamos a lo de antes, que me embalo y me salgo del tema.

Te estaba diciendo que el *salat* simbólico que el mundo conoce, no es más que una forma ritual, indicada especialmente para quienes no han roto sus precintos y aún permanecen sellados.

Y como están ciegos o velados ante algo que aunque esté más cerca de ellos que su vena yugular, no pueden percibir; les es imposible tomar Contacto con Ello. ¿Cómo vas a ver si tienes un precinto de barro seco tapándote los ojos?

Se les transmitió una forma que encierra un mensaje simbólico, donde se esconde la información de cómo llegar a la Realidad Absoluta. Y se les dijo, que mientras tanto no llegase la revelación del simbolismo que esta forma encerraba, siguieran practicándola. Pero que una vez llegada, deberían desapegarse del ritual de la forma, sustituyéndolo por su realización efectiva.

Cosa actualmente imposible e inconcebible para la gran mayoría de ellos, pues se ha perdido todo conocimiento experimental de Contacto con el Absoluto, que es precisamente lo que el mapa simbólico del *salat* encierra.

El ritual de movimientos físicos y de recitaciones mentales y vocales del *salat*, no es más que una guía o un mapa. Ya te dije antes que el *salat* es el mapa del tesoro.

Imagínate que tu familia es propietaria de una enorme extensión de terreno, y que de pronto, alguien aparece por tu casa un día, con unos documentos antiquísimos sobre vuestra finca, en los cuales se habla de la existencia de un gigantesco tesoro enterrado, y se adjuntan unas pistas para encontrarlo.

Los propietarios del terreno tenéis un tesoro, pero en realidad, como no sabéis interpretar las pistas, no podéis saber donde está y no podéis disfrutar de él. Así que lo tenéis pero no lo tenéis. Sois ricos, pero no lo sois. ¿De qué tesoro estoy hablando? del tesoro que encierra la *Kaaba de Allah*, naturalmente.

La única manera de poder encontrar el tesoro es saber leer «el mapa» que se obtiene de la correcta lectura de las pistas de las que disponéis.

Así que ¿de qué os sirve recrear las pistas una y otra vez, y dibujar cinco veces al día el mismo mapa del tesoro, si ninguno de vosotros sabéis cómo dar con el tesoro? ¿De qué os sirve reescribir cinco veces al día el texto de un manual de instrucciones sobre cómo encontrar el tesoro, si ninguno sabéis leer eso que estáis escribiendo, y ni siquiera habéis dado con el tesoro? ¿Es que no os dais cuenta de que recreáis cinco veces el día el mismo mapa, porque no sabéis que eso es un mapa y porque lo confundís con el tesoro?

— Pero no hace falta que te pongas así, hombre. Tú mismo lo dijiste antes; lo hacen lo mejor que saben, ¿no?

¿Sabes qué pasa? Que cuando un mapa de algo, o forma ritual que encierra una información, pasa a convertirse en una pasión de millones de seres humanos, que llega a consolidarse de tal manera, que con el paso del tiempo es identificada como modo de alabanza o de adoración, que produce la anulación del verdadero sentido para la que fue creada, siendo entonces percibida como el Contacto verdadero, más de uno tiene un problema. Y gordo. Pues se está confundiendo el propio mapa, con lo que éste representa; se confunde el símbolo con lo que éste está simbolizando. Y no sólo eso, lo peor es que esto se utiliza como modo de veneración o de adoración. No han comprendido nada de nada. Presumen de llamarse musulmanes sin haber comprendido la esencia del Islam.

Los sellados afirman que haciendo su *salat* de forma, de materia y de pensamiento, se llega a entrar en Contacto con el Absoluto. Pobres inconscientes que confunden lo que es una partitura, con lo que es la música. Un papel escrito es un papel escrito, y la música es música. No saben de lo que hablan; orientan el Absoluto hacia su mente, asociándolo con una parte de sus propias creencias. ¿Qué saben ellos? Carecen de *Wilâyah* y presumen de ser *walís*. ¿Conoces a alguno que estando en Europa, dibuje un mapa de Mongolia, y de pronto haya aparecido en Mongolia?

Te digo una cosa: Quien no conoce ni fuego ni electricidad, está condenado a comer comida fría todas las noches de su vida. Y quien diga lo contrario miente. Y si su intención no es mentir, sufre de alguna perturbación que lo tiene engañado.

El *salat* de este mundo de huesos y de carne es un *salat* que te hace tomar contacto con uno y con la mente de uno, pero no es más que un reflejo del *Salat* que te lleva a tomar Contacto con Uno.

Y quien, por el simple hecho de haber visto la luna reflejada en el agua, está convencido de haber visto la luna, se autoengaña. Pues no es la luna lo que ha visto, sino una imagen invertida de la misma, que no es sino una proyección sobre una superficie plana, asociada a la propia luna.

Cuando te hablé sobre la asociación, ya te expliqué lo del «síndrome de Don Quijote».

Con la simbología no se come. Y si no comprendes esto que digo, te voy a tener un mes alimentándote sólo y exclusivamente de folios con dibujos de manjares exquisitos, hasta que comprendas la diferencia entre un dibujo y la comida de verdad.

Es así de simple y así de contundente.

Antes me he referido como *salat* simbólico, al *salat* indicado para los sellados; el que se realiza mediante la ejercitación de la mente y del cuerpo corruptible de carne y de huesos. Y llamo *Salat*, al *salat* de la no forma, que se realiza mediante la ejercitación de la no mente y del cuerpo sutil o energético. Así que cuando vayas a escribir esto, para poder diferenciarlos sin tener que mencionar la palábra simbólico, puedes escribir si quieres, con una s minúscula el *salat* simbólico, y con una S mayúscula el *Salat* del Contacto, ¿te parece?

— Paréceme.

Ok. El *salat*, como todo ritual, tiene su preparación y sus tiempos. Y éstos son siete, en correspondencia con los siete puntos del cuerpo físico con los que se hace *suÿud* y con los siete centros del cuerpo sutil con los que se hace *Suÿud*.

Del *salat* no voy a hablar, porque sobre esto se han escrito volúmenes enteros y considero que ya se ha hablado bastante. Así que voy a ir al grano y voy a hablarte sobre el *Salat*.

El *Salat* es Contacto. Y voy a explicate cómo establecer Contacto. Hazme caso, prueba a hacer esto tumbado en tu cama. Para entrar en contacto con Aquello que está más cerca de ti que tu vena yugular, las posturitas sobran. Éstas suelen estar indicadas para los que no saben entrar en el Absoluto, si no es flexionando rodillas o codos.

Antes de comenzar, habrás de limpiarte de todo aquello que te impide llegar donde pretendes. Normas fuera, preceptos fuera, prejuicios fuera. Olvida todo. Olvida los ritos. Olvida las posturas. Olvida la luz. Olvida lo puro. Olvida lo blanco. Olvida lo perfecto y lo imperfecto. Olvida lo inmaculado e impoluto. Eso pertenece a la prisión fariséica del *Shaitán*, que tiene a la humanidad sumida en la enfermedad de la espiritualidad de la materia y de las cosas de este mundo.

Es tiempo de hacer *Tahara*, que es descontaminación, así que limpia y descontamina tu mente, y olvídate de todo lo que sabes, pues nada de eso que anida en tu mente, tiene cabida en la Dimensión del Absoluto.

Que tu mente se convierta en la mente de un recién nacido. No sabes absolutamente nada.

El primer tiempo es el tiempo del *takbir*, que es el acto mediante el cual comienza la invocación y la toma de contacto con el Estado Inviolable o Realidad Absoluta. Y en el *Salat*, la invocación no se hace con el uso de la voz, sino con el uso de los centros sutiles o chakras. Para ello habrás de estar preparado, habiéndolos trabajado previamente hasta dejarlos «afinados», como si del motor de un coche o de instrumentos musicales se tratasen.

No sé si sabes que todo aquello que se produce en el reino de la mente, tiene vedada la entrada a la Realidad Absoluta. Por eso el *Shaitán* no puede entrar. Porque el *Shaitán* está en la mente y en el fruto que de allí parte.

Para acceder al Absoluto, los subproductos de la mente sobran. Los pensamientos son distracciones. Sólo se requiere atención y consciencia del momento presente y de la Sensación de Vida que en ti habita. Y no hay que pensar en nada. Sólo atención y disciplina. Atención y observación. Estate tranquilo y vigilante, sin pensar en nada. Para de pensar y céntrate en percibir la vida que tu cuerpo encierra en lo más profundo de tu ser. Si paras de pensar, y sientes que existes en el instante presente, llegará el momento en que lo que Eres se te revelará.

Nuestra mente es comparable a una orquesta, cuya música son los pensamientos que ésta emite. Y podemos, o no, darnos cuenta de que la orquesta está sonando las veinticuatro horas del día, no dejando de hacerlo, ni mientras dormimos.

¿Cuántos somos conscientes de que no paramos de pensar? Estamos tan acostumbrados a la música de la orquesta, que no podemos hacer que ésta deje de sonar. La única manera de percibir el silencio, es que la orquesta deje de sonar. Así que céntrate en no emitir pensamientos, y si los tienes, no los mires; centra tu atención en el Silencio.

El Silencio es lo que se oculta bajo la música de la orquesta, y es lo que posibilita que ésta suene, pues el sonido de una orquesta sobre un fondo de ruido, no es el mismo que sobre un fondo de silencio.

El Silencio es la base. Bajo él se oculta el Estado Natural de todo lo creado, pues todo lo creado está hendido hacia Él. Todo lo creado ha sido construido tomando el Silencio como base. Y el Silencio es la base de la pizza. Sin base que soporte los ingredientes, no hay pizza.

Así que, por favor, no pienses en nada; abstente; haz *Saum*, y trata de localizar, en el momento presente, el Silencio que reina bajo todas las cosas; la Infinitud; eso que algunos llaman *Allahu Akbar*. Y no te descentres del presente. Siente el presente y haz *Saum*; abstente de pensar en nada. Y si piensas en algo, sé consciente de que estás pensando y deja de lado los pensamientos. Es muy importante que cuando pienses, identifiques que estás pensando y que no estás centrado en lo que debes estar centrado. Vuelve entonces a centrarte en lo que estás haciendo: focalizar la atención sobre tu *Rabb*; sobre la Realidad Absoluta.

Es normal que al principio te cueste trabajo y te distraigas. Es normal que te vengan los pensamientos, y que no puedas hacerlo. El asunto requiere de *Yihad*, de constancia y de disciplina. No es cosa de un par de días ni de un par de semanas.

Cuando pienses, haz *Tahara*; descontamínate, deja de lado esos pensamientos, abstente de pensar y habrás limpiado tu mente. No hay nada en la mente. Céntrate en Sentir lo que Eres. No te centres en pensar. Céntrate en Sentir.

La mente no para y debes tomar su control; debes aprender a que, a una orden tuya, tu mente pare de pensar. Y debes aprender a sentir y a localizar la Realidad Absoluta. ¿Y cómo encontrarla? Percibe la Vida que hay en ti. Percibe la Sensación que produce el Silencio que se oculta bajo tu respiración y bajo tus latidos. Percibe eso que Eras antes de nacer, y que seguirás Siendo tras morir tu cuerpo.

Una vez logras localizarlo, fija el objetivo, y centra tu atención en Eso. Es importante que no pienses en nada. Sólo tienes que tener localizada y centrada la atención en la Realidad Única, y una vez localizada, sigue manteniendo centrada tu atención en ella durante cierto tiempo, sin distracciones y sin desviarte. Y habrás de hacerlo hasta que te familiarices con ella. En esto consiste la *Wilâyah*, en la familiaridad que se tiene con esta Realidad.

Es normal que los primeros días te desesperes y no consigas nada. Tú persevera. El aprender cómo hacer *Saum*, es sólo cuestión de unos cuantos días. Cuando adquieras la *Wilâyah*, comprobarás que por cada paso que te acerces hacia el Absoluto, Él se acercará tres hacia ti.

Ahora da comienzo el segundo tiempo, que es el tiempo del *qiyâm*.

En el tiempo del *qiyâm*, la Realidad Absoluta comienza a abrirse; se produce la apertura del Absoluto hacia su observador.

Mientras que para el *salat*, *quiyâm* tiene la significación de estar erguido, de estar en pie, tal cual es representado gráficamente el número uno de la numeración árabe, como símbolo de la Realidad Única; para el *Salat*, *quiyâm* es la elevación hacia el Plano Espiritual; la experimentación consciente del Absoluto; de lo Único.

Céntrate en esto todo el tiempo que te sea posible, y no desvíes tu atención de ello, pues si lo estás haciendo como debe hacerse, a continuación da comienzo el tercer tiempo, o tiempo del *Rukû'*. Su raíz trilítera es *Ra-Kaf-Ayn*, cuyo significado viene a ser doblarse.

Una vez llevas un rato centrando atentamente tu atención en el Absoluto, sin que ningún pensamiento la desvíe, comienzas a entrar en Él, y notas como te metes hacia adentro, hundiéndote en tu pecho, cada vez más profundo. Comienzas a doblarte como una alcayata: sientes que tú te estás hundiendo para adentro, a la vez que notas que tu cuerpo está tumbado en la cama.

Ahora eres dos. Uno es tu cuerpo, que es uno de tus «yo», y dos, tu otro «yo», el «yo» que ahora percibes, que se encuentra hundido en lo más profundo de tu pecho.

Cuando esto ocurre, sientes cómo eres consciente de estar inmerso en dos realidades simultáneas y completamente diferentes: la realidad del *dunya*, y la *Realidad Única*.

En el *salat*, el *rukû'* es la ejercitación de una postura física en la que te doblas por la cintura, representando gráficamente un número dos de la numeración árabe.

El cuarto tiempo vuelve a ser el tiempo del *qiyâm*, donde tras haber hecho el *Haÿÿ* hacia lo más profundo que tu pecho encierra, pierdes la consciencia de tu cuerpo físico y de la realidad mundana o *dunya*, mientras haces *Tawwaf* o flotas, a la vez que haces *Zakat* o te expandes, percibiendo únicamente el *Salam* que reina en la Morada que tu pecho oculta. De la misma manera en que una nave flota en el espacio, rodeada de vacío por todas partes, sientes cómo flotas en la Morada de lo Único que Existe, rodeado de Eso Único que Existe.

El siguiente tiempo es el quinto, que es el *Suÿud*.

Ya te dije que la raíz trilítera *Sin-ÿim-Dal*, de la que esta palabra procede, además de significar postrarse, significa mirar tranquilamente y de manera continua: observar, contemplar.

Es en este punto cuando la nave que flota en el espacio, se mira a sí misma, y tras tiempo de observación, la nave toma consciencia de que no es tal nave, sino el propio espacio. Es el punto en que la atención hacia Uno, o lo que es lo mismo, la autocontemplación hacia Uno, hace que acabes en Común Unión con lo que Eres; y como una gota de agua que se precipita sobre el océano, te disuelves, tomando Consciencia, no de gota, sino de Océano.

Y voy a desvelarte uno de los secretos que el Corán encierra, que lo rompe tal como lo conoce el *kafir*. Pues una vez tomas consciencia de ser Océano y llegas a este punto de la extinción del *dunya*, para ser Absoluto, las suras del Corán ya no comienzan a leerse por *Ba*, sino por *Álif*. La realidad B, deja de ser B, para pasar a ser A. Y como si de una fórmula matemática se tratase, la letra *Ba*, que afecta a todo lo que viene después, desaparece del inicio de la «multiplicación», para pasar a los dos «sumandos» que encierra el paréntesis, de tal manera que lo que en principio era *Bismil-lâh*, (*al-Rahmán al-Rahim*), pasa a leerse como *Ismil-lâh*, (*al-Brahmán al-Brahim*). Traducción de esto último: mi nombre es *Allah*, el Absoluto, el padre de la multitud.

Sin duda toda una señora blasfemia para quienes orbitan bajo la ciencia del *kafirún*.

No te frustres si no llegas a este punto. No todo el mundo llega hasta aquí. Se requiere perseverancia con altas dosis de *Yihad*, *Tahara*, *Saum*, y sobre todo *Wilâyah*. La *Tahara* aquí es importantísima.

Es aquí, en esta etapa, donde se extingue por completo la identidad de persona que el ser humano tiene de sí mismo, o identidad mental o transitoria, para adquirir la identidad Real o Permanente.

El final de esta etapa lo marca el éxtasis, y con él se recibe la sutil llovizna, bendito regalo del Uno: la *Rahma*.

En el *salat*, el *suÿud* es la ejercitación de una postura física en la que te postras apoyando en el suelo siete puntos físicos: pies, rodillas, manos y cabeza. Y se trata de representar con esto, los siete centros sutiles alineados a lo largo del *Sirat al-Mustakim*, que posibilitan la extinción de tu «yo» en tu *Rabb*.

El sexto tiempo es el tiempo del *Tashahhud*:, que es el testimonio, o lo que es lo mismo, la *Shahada*.

Es el tiempo del asentamiento de todo lo comprendido y de testificar sobre eso que se ha Experimentado.

La postura física del *salat* que se corresponde con este tiempo es la de sentado, y se denomina *yulus*. Trata de representar gráficamente el número ocho de la numeración árabe.

El séptimo tiempo es el tiempo del *Taslim*.

El *Taslim* es el acto que da por terminado el *Salat*, o Contacto con el Estado Inviolable. Tras haber experimentado lo anterior, te encuentras empapado de *dhikr*, que es la sensación de sosiego y de mansedumbre que se te queda en el pecho tras haber estado expuesto de manera prolongada ante el *Salam*.

Del mismo modo que una quemadura es el recuerdo de haber estado en contacto directo con el fuego, el *dhikr* es un recuerdo del que se impregna el corazón, tras haber estado conscientemente ante la Presencia de *Allah*.

Ahora el corazón «te huele» a *Salam*, pues tu pecho lleva impreso su recuerdo.

El *Taslim* designa la voluntad de propagación del *Salam*, hacia las demás criaturas del Creador, sean visibles, sean invisibles para el ojo humano.

He aquí la explicación, a modo de guía, para quien es prudente. Insensatos abstenerse. Si consigues llevar a cabo de manera efectiva los *arkán al-Islam*, conseguirás percibir Eso que Eres, y comenzarás a comprender de primera mano, el grado de extravío espiritual que lleva miles de años reinando en este planeta.

No te desanimes si las primeras veces no consigues absolutamente nada. Es completamente normal. Forma parte de la criba que lleva al *kafir* a tirar la toalla y a abandonar, refugiándose en su folklore y en sus pasiones. Sé tenaz, pues la tenacidad te proporciona la condición de favorito para lo que estás haciendo. Una vez comienzas a hacer *Suÿud* ante tu *Rabb*, la mirada es puesta sobre Ti. Ten paciencia y no desesperes. Sólo quien hace *Yihad* y tiene paciencia, es digno de romper los sellos con que está precintado.

Y si, al cabo de días o incluso meses, en medio de este proceso sufres alguna punzada, céntrate ahí y sigue adelante. Uno de tus sellos está siendo resquebrajado. El requisito indispensable para abandonar la condición de *kafir*, es romper los sellos que tapan o bloquean el camino recto o canal central, que impiden el ascenso de la *kundalini*, que permitirá al final del proceso, una vez llegada donde tiene que llegar, que la *Rahma* sea derramada.

Normalmente las punzadas más fuertes, suelen darse en los chakras tercero y cuarto, o lo que es lo mismo, plexo solar y corazón. Son sensaciones similares, pero diferentes. La sensación de la punzada del tercer chakra se parece a como si alguien te toca, clavándote un dedo índice hacia adentro, y apretando, a modo de lenta y suave puñalada. La punzada del corazón es completamente distinta; es como si te oprimiesen el pecho, clavándote el nudillo del dedo corazón de un puño completamente cerrado. Este proceso no se hace en un día. Así que tómatelo con calma. Los días se van alternando, de tal manera, que unos días sientes la punzada más fuerte que otros. Esto ocurre hasta que el sello se rompe. Una vez roto el sello, notarás que ese chakra ya no ofrece resistencia alguna a ser inundado por la *kundalini*, y ésta ascenderá por el conducto vertical, ya sin resistencia, hasta el siguiente sello, para quebrarlo mediante el mismo proceso.

He aquí la muerte, para quien en vida desee contemplarla con sus propios ojos, antes de morir.

En esto consiste el examen que distingue al *Yehudá* del *kafir*. ¿O es que pensabas que cualquiera podría acceder al Paraiso, sin esfuerzo y sin paciencia?

— Ya. Creo que te entiendo, pero todo esto ahora mismo me sobrepasa, sin embargo he oido que has mencionado la kundalini; esto es algo así como practicar yoga, ¿no?

Pues mira, sí. La gente de hoy día identifica la palabra yoga con la ejecución de determinadas posturitas, algunas de ellas imposibles de realizar hasta para el fantástico Reed Richards.

El significado de la palabra yoga para nada tiene que ver con adoptar postura alguna. El yoga es la unión con el *Brahmán*. El

Brahmán es el Absoluto. Así pues, la unión con el Absoluto. Y no tiene nada que ver con adoptar posturitas prefabricadas por los de siempre. Tumbado lo haces de maravilla.

Una vez tuve unas palabritas sobre esto con un profesor de meditación Zen. Él me explicaba que la meditación siempre ha de hacerse sentado, con los pies cruzados, adoptando la postura del loto o medio loto, y con la cara a dos palmos de una pared en blanco, frente a ella, para que no hubiese distracción de ningún tipo. Yo le dije que eso no era Zen; que eso que él practicaba era una forma de hacer Zen; que eso era ZaZen, que es practicar el Zen sentado. Y para qué quieres más. Ni te cuento cómo se puso él. Ya sabes, el profesor que lo sabe todo, porque su sabiduría procede de un linaje de grandes maestros, no puede consentir que, ante sus alumnos que lo tienen idolatrado, un ignorante e insolente mestizo bastardo carente de linaje, le cuente de qué va la película. Me dijo que eso era el Zen; que yo no sabía de lo que estaba hablando y que eso no podía practicarse de otro modo. Yo le dije una vez más que eso no era Zen, sino ZaZen; Za es sentado, y Zen es atención; le dije que lo que él estaba enseñando a sus alumnos era la atención desde la postura de sentado, y que sería más cómodo practicarla tumbado, sobre todo para la mayoría de sus alumnos, que eran ya mayorcitos y con sobrepeso, a los que las molestias que les producía la posturita del loto, vistas sus expresiones faciales de dolor, los descentraba bastante y desviaba el propósito original de lo que estaban haciendo. ¿Y sabes que me dijo? Que eso que yo decía no era correcto y que era una solemne tontería. Que esto llevaba miles de años practicandose así y que no es bueno practicar Zen tumbado, pues corres un alto riesgo de dormirte. Y yo le dije: querido profesor de Zen, el buen practicante de Zen no necesita, para no dormirse, estar sentado, ni tampoco estar frente a una pared para no descentrarse; el buen practicante de Zen, Centra la Atención y no se desvía de ella aunque esté sufriendo los devastadores efectos de un tornado.

Miles de años transmitiendo una guía, y están tan apegados a ella y son tan dependientes de ella, que si no la siguen se pierden.

Cuando eres pequeño y comienzas a montar en bicicleta, en la rueda trasera te colocan dos ruedecitas de apoyo a lado y lado. Cuando pasa el tiempo y has practicado lo suficiente como para saber montar en bicicleta sin la ayuda de estas ruedecitas de apoyo, las ruedecitas van fuera, pues sólo son una guía o ayuda para adquirir el conocimiento experimental de saber montar en bicicleta. La bici de este este hombre, aún lleva las ruedecitas puestas, y él está convencido de que todas las bicicletas han de llevar una rueda delante, y tres detrás, pues durante miles de años ha sido así, y si quitas las dos ruedas de atrás, corres el riesgo de caerte. Así va el mundo.

El origen de la postura del loto, ¿de dónde crees tú que viene?

— De tiempos de Siddharta Gautama, ¿no?

Eso es lo que nos cuentan. Millones de almas proyectan su atención sobre la figura del Buda en postura de loto, y todas ellas dan su beneplácito y su aceptación hacia esto, como si de algo bueno y deseable para toda la humanidad se tratase.

Piensa en el Buda sentado en postura de loto, y tradúcelo a una figura geométrica. ¿Qué es? ¿un cuadrado? ¿un círculo? ¿un pentágono?

— Un triángulo.

Exacto, un triángulo. La base está formada por las piernas, los laterales los forman la disposición de los brazos, y en la cúspide está la cabeza. ¿Y qué tiene el Buda en su cabeza, justo sobre la nariz?

— Un ojo; el tercer ojo, ¿no?

Millones de personas fijan la atención en un triángulo coronado por un ojo, creando un acuerdo hacia esto, convencidos de que es algo bueno y deseable. ¿No te suena de algo que te dije anteriormente? Están en todas partes. Los habitantes del planeta son sus gustosos esclavos, porque han nacido para eso y sarna con gusto no pica. Y si procede de una tradición milenaria, el picor es un gustazo. No te digo más.

— Pero me estás hablando de Tao, de Yoga, de Zen, del Buda, del Brahmán, de Chakras y de Islam. ¿No crees que estás mezclando conceptos de diferentes tradiciones, para hacerme ver una especie de Islam a la carta?

¿Tú también piensas que el Islam nació con Muhammad? ¿Crees que surgió en la Meca en el año 622? Te lo digo porque esta adoctrinada humanidad, está convencida de que sí; y la versión oficial que circula, así nos lo dice.

En tal caso, te pregunto lo siguiente: ¿Adán, Abraham, Moisés y Jesús, son ajenos al Islam? Si no son ajenos al Islam, queda demostrado que el Islam existía en tiempos de Adán, de Abraham, de Moisés y de Jesús. Es bien simple.

¿Por qué entonces el mundo percibe una misma tradición, la tradición de los enviados, como diferentes tradiciones? Pues percibe diferentes tradiciones porque cada tradición es una rama, y ellos viven en las ramas; hacen su vida en las ramas. Y quienes viven en las ramas, suelen pasar por alto la importancia del tronco que sustenta esas ramas.

Yo no estoy haciendo un Islam a la carta. No estoy mezclando nada. No te sorprendas. La tradición es la misma para todos. El tronco es el mismo. Las ramas que parten del tronco, sí que son diferentes entre sí, porque son el tronco dividido en aspectos totalmente diferentes. Por eso las ramas se perciben entre sí como diferentes. Pero el conjunto de todas ellas es el resultado de la división del tronco.

Lo que ocurre en este mundo de egoísmo y de posesión, es que quienes hacen su vida en las ramas, pretenden hacer ver a todos que su rama es el tronco, y están convencidos de ello. ¿Te imaginas ramas tan grandes, o más, que el tronco?

El tronco está presente en absolutamente todas las ramas que parten de él. Comprende lo que comprenden todas ellas. Las ramas ni comprenden la totalidad del tronco ni se comprenden entre ellas. No comprenden porque su ciencia no es la misma que la de aquél que lo reúne todo, que está en contacto directo con la raíz, y que sirve como medio para poner en contacto las ramas con la raíz.

Sin embargo, las ramas niegan por sistema todo aquello que su ciencia no abarca. Sólo a través del tronco se llega a la raíz; a aquello que no se ve, que permanece oculto; al origen de la vida del árbol. Al origen del Árbol de la Vida.

— ¿Y con qué aspecto te quedarías de algunos de los enviados de este mismo tronco?

Pues de Adán el *insân kâmil*, de Noé su «divina locura» de la que todos se burlaban, de *Abraham* su *maqâm*, de Job su perfecto ejemplo como *mu'min*, de Moisés la valentía para levantarse contra la esclavitud, de David la efectividad militar, de Salomón su sentido de la justicia, de Jesús su incomprensión y su predilección por lo «blasfemo» e «irreverente», y de Muhammad, si no te importa, lo de Muhammad por ahora me lo reservo.

ROMA

DOMINGO 2 DE AGOSTO DE 2009

Ésta fue mi última conversación con él. Y ocurrió en Roma. En un espacio abierto, a esa hora poco o nada transitado: el Cementerio de Verano. La reunión duró alrededor de cuarenta y cinco minutos. Y tras él comprobar y asegurarse de que durante ese año transcurrido, yo había hecho los deberes de manera satisfactoria, prosiguió con su monólogo, esta vez desde una perspectiva, para mí, inimaginable hasta ese momento.

Míralas. Cruces por todas partes. Estas gentes adoran la cruz, sin saber lo que están haciendo.

La cruz es un instrumento de martirio y de muerte. Es un insulto hacia los primeros cristianos. Y sin embargo, a plena vista de los necios, en ella supimos esconder la *kaaba*.

Haz una cruz griega con cuatro cuadrados iguales. Añade bajo el cuadrado inferior otro cuadrado igual, y ya la tienes. La cruz es el desarrollo perfecto de un cubo. Es la representación 2D de una *kaaba*. Hacia mediados del Siglo XIII, los míos comenzamos a llevar una *kaaba* «serigrafiada» en nuestros atuendos.

Y no sólo eso, enmascaramos nuestro saludo «*Salam aleikum*», latinizándolo como «*Pax vobiscum*».

— Un momento ...

Para. Te voy a refrescar la memoria. Cuando nos vimos en Marruecos, te dije que a lo largo de los siglos, los míos y yo hemos sido custodios del Secreto de la Casa del Salam. Allí donde reside La Vida Eterna. No se nos ve. Procuramos ser invisibles e impecables. Y siempre desde el ocultamiento. ¿Por qué crees tú que en lugar de citarnos en la Estación de Términi, estamos aquí reunidos?

Somos los custodios de la *Kaaba de Allah*; de la *IeruSalam*. Y así ha sido siempre desde que nueve personas pasaron casi una década en la ciudad de Jerusalem, encerrados en el antiguo templo, dedicados por completo a la investigación, al estudio y a la meditación. Nueve personas que no defendieron ni una sola vez a ningún viajero, ni tampoco se enfrentaron a ningún musulmán.

¿Por qué? Porque tenían la misión de encontrar la raíz de una misma tradición. Conscientes de la corrupción espiritual, fruto de la degeneración y de la manipulación por parte de esos seres de insaciables ánsias de poder, que siempre han estado situados en la cúspide de la pirámide, mis antecesores decidieron ir a la raíz para así disipar la falsedad, y así poder establecer un mundo de justicia y equidad.

Decidieron ir en busca de la esencia de la que parten las religiones Abrahámicas; la esencia que hermana tres culturas diferentes; tres ramas diferentes que parten de un mismo tronco.

Y su permanencia en aquel lugar, hizo que encontraran algo que no esperaban, que superaba todas sus expectativas: el Secreto de la Inmortalidad; la percepción Consciente de la Vida Eterna. Y quien encuentra esto es como quien encuentra una moneda. En una cara la Vida, y en la otra la muerte. Te digo esto porque quien supone una amenaza para la supervivencia del satanismo, o espiritualidad de la materia, en este mundo, puede tener la Vida escrita en la cara, pero en el momento en que es descubierto, tiene la muerte escrita en la espalda. Por eso todo esto se llevaba en secreto, y solamente lo sabían quienes debían saberlo.

Fue cosa fácil el hacer parecer responsable de nuestra desaparición, a un rey malgastoso y endeudado hasta las cejas.

Ni fuimos juzgados, ni fuimos condenados por leyes de rey, sino por leyes de ramera.

Por supuesto no quedó ni uno solo de nuestros documentos. La versión oficial dice que los quemamos todos antes de que se hubiera podido tener acceso a ellos, pero ya te digo yo que los más importantes fueron trasladados a lugar seguro unas semanas antes, y respecto a los que quedaron, ya se encargaron los conspiradores de hacerlos desaparecer.

En las actas que se han sacado a la luz, se nos acusa de todo, menos de lo que realmente fue.

Y es que los mafiosos integrantes de ese selecto grupito que lleva miles de años poniendo y quitando reyes, que decide el destino de los habitantes de la tierra, y al que sirven los hijos de la Gran Puta, son listos. Hicieron desaparecer las actas en las que se menciona un motivo por el que nosotros somos una amenaza para la supervivencia de su madre. ¿Qué motivo es este? Pues el ser musulmanes en secreto.

Para poder empaparnos de las fuentes del Islam y ser tratados como iguales por nuestros hermanos musulmanes, los iniciados destinados a convertirse en caballeros custodios del Secreto, debían pasar necesariamente por una iniciación llamada *Baptisme-Mahomet*; más conocida entre nosotros como *Baphomet*, que incluía la fórmula empleada en la *Shahada*.

Y fue así como, en secreto, pasamos a formar parte integrante de la *Umma*.

— ¿No crees que te estás pasando un poquito, al insultar, con el hecho de llamarlos hijos de la Gran Puta?

Bien. Voy a aclararte esto. Nada tengo contra quien nada tiene contra mí. Esa expresión que tú percibes como un insulto, no es tal insulto, sino el resultado de la traducción exacta del griego. Ni suavizo, ni amplifico. Sólo pretendo traducir con la máxima fidelidad posible. Te voy a explicar de dónde viene esto, para que veas que no lo digo con ánimo de insultar, sino de ser escrupulosamente fiel a lo que está escrito.

Para ello vamos a trasladarnos a la isla de Patmos, en Grecia, hacia la segunda mitad del Siglo I de nuestra era. ¿Porqué esta fecha y este lugar? ¿Qué ocurrió allí? Pues ocurrió que un tal Juan, escribió un libro que contiene una serie de profecías, basado en una serie de experiencias personales, acompañadas de visiones oníricas. Este libro se conoce como Libro del Apocalipsis, y fue escrito en griego. ¿Y qué tiene que ver esto con lo que digo?

Pues tiene que ver con que una de las profecías de este libro, habla sobre una Gran Puta, y digo bien, Gran Puta, porque es éste el nombre que Juan de Patmos emplea en su libro, para hablar de esta reina del porno espiritual. Parece fuerte esto que digo, pero es que lo es. ¡Ciegos, abrid los ojos! Juan de Patmos emplea el término griego *porni* (πόρνη), del que deriva la palabra porno. ¿Y cuál es la traducción exacta de *porni*? Pues puta. En latín se tradujo como *meretrix*, y tras sufrir el efecto de otra traducción, se suavizó con el empleo del término *ramera*. El mundo la conoce como la Gran Ramera. Pero la traducción exacta del original en griego, no es Gran Ramera, sino Gran Puta. Y sus hijos son los hijos de la Gran Puta. ¿Ves como no es un insulto? Es pura aplicación del lenguaje que emplea San Juan. Sólo eso.

— Ya veo.

El capítulo diecisiete de este libro de Juan de Patmos, cuenta que la clientela de esta Gran Puta, son los reyes de la tierra. Que está sentada sobre pueblos, muchedumbres, naciones y lenguas, y se encuentra emplazada sobre siete colinas. Juan aquí utiliza el término *ori* (ορη), que es el plural nominativo del nombre neutro *oros* (ορος*), y* suele ser empleado para designar una elevación de terreno sobre un llano. Cuenta también que es la gran ciudad que tiene reino sobre los reyes de la tierra. Que viste de púrpura y de escarlata, y se rodea de oro y de joyas, concretamente pedruscos preciosos y perlas. Que tiene en su mano un cáliz de oro que está lleno de abominaciones y de la suciedad de su fornicación, estando los habitantes de la tierra, embriagados del vino de su fornicación. Este dato es importante: cáliz de oro, vino, fornicación, y habitantes de la tierra bajo los efectos de este este vino.

Ahora te hago la siguiente pregunta: en el Siglo I, momento en que se escribe este Libro de las Revelaciones, o Apocalipsis, ¿cuál es la gran ciudad que tiene reino sobre los reyes de la tierra?

Pues ¿cuál va a ser? Babilonia la Grande. La que piensa, dice y siente: «*Ba'al* es nuestro Dios», o lo que es lo mismo, con la palabra *Ba'al* traducida, «el Señor es nuestro Dios». La madre del porno religioso, completamente borracha de la sangre de los santos y de los mártires, que a lo largo de su historia ha devorado sin contemplaciones. La satánica madre de los hijos del pecado.

Seres que habiendo nacido puros, son convertidos en hijos de la abominación. Ellos mismos, tras haber sido manchados bajo el prisma de la degeneración de lo natural, se autodefinen como hijos del pecado.

Y el mayor de los hijos varones de esta furcia, es el hombre de pecado. Pues de entre ellos, este hombre es el único que posee la potestad de establecer lo que es pecado y lo que no lo es. Y renuncia al amor de las mujeres y obliga a sus hermanos a que también renuncien.

Estos hijos de su madre son apresadores de almas. ¿Cómo logran apresar y condenar las almas por millones? Pues empleando lo que se conoce como concepto salvífico.

El concepto salvífico es la esencia de los condenados. Funciona mediante un mecanismo infantil muy simple. Y es, junto con la culpa, una de las cadenas mentales más fuertes que las almas afines al tormento y al sufrimiento, utilizan para recreación de sus infiernos correspondientes.

El mecanismo infantil consiste en que de entrada, ya naces condenado, y sólo yo tengo el instrumento de tu salvación; por tanto, me necesitas para ser salvo. Yo soy el medio por el cual tu alma será libre. Por tanto, habrás de someterte a mí y a mi esquema mental, mitológico, irreal y esquizofrénico, por supuesto siempre verdadero. Y este pacto que hemos hecho tú y yo, es el cimiento de nuestra fe, y si no lo cumples, ya sabes que, vivo o muerto, estarás condenado para toda la eternidad. Así que por tu bien, harás lo que yo te diga, porque esta es la fe de tus padres y así lo hicieron tus padres antes que tú.

¿Quién es nadie para ser intermediario entre el Creador y su criatura? ¿Quién? Sólo el pastor que subsiste gracias a una manada de borregos destinados a barbacoa.

Opus Satani. No cabe mayor genialidad como guía destinada a las almas que han de ir a cautiverio, o como dicen ellos mismos, como pacto con el diablo.

Y fueron estos, los hijos de la Gran Puta, quienes disolvieron aquello en lo que trabajábamos. No fue sólo por ser musulmanes en secreto, sino por ser los caballeros custodios del Secreto; un Secreto que hacía que tuviésemos en nuestras manos el corazón de esta furcia de reyes, así que, para evitar que nos hiciésemos con ella, y estableciésemos un mundo basado en la lucha contra el materialismo, la injusticia y la tiranía, y sobre todo y por encima de todo, en el Conocimiento de la Condición Espiritual del ser humano, decidió prostituirse una vez más con otro de sus reales clientes. La orden fue clara: exterminio de hasta el último de los custodios, y de todo aquel que hubiese estado en contacto con ellos.

Nuestro hermetismo fue quebrantado, y un integrante de la mejor red de espías, que hasta nuestros días jamás ha conocido la humanidad, llevó información sobre el Secreto que custodiábamos, a manos de estos ladrones de almas que abrasan este planeta con el infierno que llevan dentro. No contábamos con que el tiempo del *Rex Mundi* aún no se había terminado. Y tuvimos que pagar el precio de la osadía de intentar llevar a cabo el fin de su mundo.

Por su parte, la ejecución del plan fue magistral. Inmediatamente después de la eliminación de los nuestros, todos los actores fueron barridos del escenario. Desde actores principales, hasta figurantes.

Para reescribir la historia de modo conveniente, los testigos molestan, ¿sabes?. Así pues, en menos de un año, todos fueron eliminados: muertes «naturales» por envenenamiento, muertes «accidentales» por caída de caballo, desafortunados «robos» aderezados de puñaladas varias, y demás causas «accidentales», «fortuitas» y «naturales» de muerte.

Lo único que puedo decirte es que mi linea no se ha perdido y que mis predecesores hicieron su trabajo lo mejor que pudieron antes de que estos hijos de la Gran Puta, en holocausto, los redujesen a cenizas.

Ha pasado mucho tiempo desde entonces. Ni siquiera los que quedaron, los posos del café, saben de nuestra existencia, pues de las lineas que en su día heredamos cada uno un candil encendido procedente de un mismo fuego, que yo sepa, sólo queda viva la llama de nuestra linea. Las demás acabaron por degenerar y por extinguir sus llamas. Aunque sé que todavía queda por ahí al menos una linea procedente de otro fuego diferente, que creo que aún sigue viva. Quienes persiguen poder y sumisión, no son dignos del *Shem Shemaforash*. Merecieron así perder toda dignidad de ser los custodios del Secreto. Acabaron seducidos y atrapados bajo el mundo del *Rex Mundi*; condenados a la esclavitud de la materia, atrapados en la forma y perdidos entre ceremonias e inútiles rituales de fuerte carga simbólica y mental, cuyo origen está en un fondo que ahora desconocen por completo, y del que por ignorancia y por codicia, eligieron convertirse en indignos.

Gentes que se llaman a sí mismas caballeros; que atesoran vil metal, que presumen de sentirse por encima, colgándose chatarra en la solapa, y que pasan por alto que la ignorancia es la ciencia de los idiotas. Se han convertido en todo lo contrario de la esencia de sus predecesores.

Por esto mismo somos gente anónima; completos desconocidos. A lo largo de la historia, los siervos del *Rex Mundi* han conseguido infiltrarse en todas las lineas, excepto en la nuestra. De nuestro fuego, extinguieron todas las llamas, excepto la nuestra. Se hicieron con el control de las demás lineas, y aparecen ante el mundo como la versión oficial de lo que fuimos.

Oficialmente no existimos. Setecientos años en ocultación son muchos años. Y aún así, continuamos siendo los custodios del Templo de Salomón.

¿Conoces el significado de Salomón? Pues significa «pacífico». Su origen etimológico procede de la palabra *Shalom*. Paz, Sosiego, Tranquilidad, o lo que es lo mismo, *Salam*.

¿De verdad creías que custodiábamos unas ruinas? El verdadero Templo de Salomón no es un edificio ni una construcción hecha de bloques de piedra.

El templo construido en piedra, cuyo lugar más sagrado es una *kaaba*, es una maqueta más de esta realidad B, a «imagen», o en representación del Templo del *Salam*, o Casa del *Salam*.

La Casa del *Salam*, o *IeruSalam* que nosotros custodiamos no pertenece al reino de la materia. No es de piedra, y está totalmente vedada al *kafirún*, como la luz lo está al ciego, o el sonido lo está al sordo. Mi Reino no es de este mundo. Y Eso de lo que yo tengo identidad que Soy, Mora allí donde Mora el *Salam*; en la Casa del *Salam*. Te digo esto, porque aunque me veas como persona, digamos que para mí, sabiendo lo que sé, ya no soy persona; mi identidad ya no es la identidad de una persona. Vamos a ver cómo te explico esto, para que me entiendas. Este traje de apariencia humana que llevo puesto, que es el medio por el cual puedo interactuar con este mundo de materia, es la persona. La palabra persona, procede del griego, y persona era la máscara que se ponían los actores para representar sus papeles. Ya te dije en una ocasión que cuando el actor se cree que es el personaje, surge la negación de su verdadera identidad, y se identifica con lo que él está representando. Esto es normal, pues lo normal es que tu identidad surja de aquello que tú percibes, más aún cuando al ponerte el traje, olvidas completamente lo que Eres. Pero ¿qué ocurre cuando tienes la experiencia mística donde se te revela tu Verdadera Naturaleza? Pues que la identidad persona se extingue, y pasas a ser Algo Indefinible o Inefable, Eterno e Indestructible.

Nuestro trabajo comenzó con la llegada a la Jerusalem de este reino de la materia, y concluyó con la llegada a la *IeruSalam* del Reino del Absoluto.

Y una vez Experimentas lo que estás llamado a Experimentar en la *IeruSalam*, tu corazón queda impreso por el *Salam*; marcado de por vida; sellado con el sello del *Salam*; con el sello de Salomón.

Pero para los gentiles, el sello de Salomón será siempre un dibujo cargado de simbolismo.

Ocho *arkán* te llevan al conocimiento del Secreto. Ocho angulares tiene un cubo, y ocho angulares tiene un octógono. ¿Por qué crees tú que la planta de nuestras construcciones era octogonal? Encerramos el secreto hasta en la cruz; en una cruz diseñada a tal efecto, conocida como la cruz de las ocho beatitudes.

Los ocho *arkán* se enmascararon con una clave superpuesta bajo estas ocho beatitudes, que son ocho cualidades «espirituales», que nada tienen que ver con los *arkán*, pero se consigue que estos queden perfectamente enmascarados bajo ellas. De hecho, tenemos en la Biblioteca Nacional de París, un manuscrito del siglo XIII, donde se dice que la cruz de las ocho beatitudes sirve como clave para componer y descifrar nuestro «idioma» secreto, y que dicha clave está construída, a su vez, sobre otra clave de origen semítico.

Ocho *arkán* que enmarcan el portal dimensional por el que el cielo se une con la tierra; ocho cualidades místicas que te teletrasportan al Centro del que parte toda la creación. Esto es lo que simboliza la famosa estrella de ocho puntas de *Al-Ándalus*.

Condición *sine qua non* para adquirir este conocimiento: el *Baphomet* o *Baptisme-Mahomet*.

— ¿Y por qué se asocia la palabra Baphomet con un macho cabrío andrógino, que se dice que adorábais, y que es identificado con el diablo?

Para estas gentes, cualquier persona que piense diferente a ellos, está inspirado por el propio diablo, y si somos una amenaza o un problema para ellos, razón de más para tacharnos de diabólicos.

En efecto, siempre se escapa algo y oyeron cosas, pero quien las oyó, no sabía de qué iba el tema.

Piensa el ladrón que todo el mundo es de su condición. Nosotros no adoramos. Si bien es cierto que alguien decidió representar el *insân kâmil* como la figura de un *aries* o cordero macho con sus cuernos, que se supone que es el animal que, bajo la traducción campesina, Abraham encontró enredado por los cuernos, en medio de la zarza; pero que en realidad trata de representar el *Salam* en el *Seneh*.

Como no sabían lo que era el *Baptisme-Mahomet*, y algo habían oído al respecto, asociaron la representación del *insân kâmil* con el *Baphomet*, y relacionaron éste con Juan el Bautista, llegando a la conclusión de que adorábamos a Juan el Bautista enmascarado bajo forma de *aries*.

O incluso llegaron a difundir el rumor de que adorábamos el cráneo del Bautista, de la misma manera que ellos adoran el cráneo de niña expuesto tras uno de sus escaparates, en la Piazza Navona, aquí, en Roma. Les encanta todo lo relacionado con la muerte y lo macabro. Es la espiritualidad del culto a los muertos. Son así. Tal como ocurría en los templos del Señor de las Moscas, ellos también hacen colección de cadáveres dentro de sus templos.

El *insân kâmil* o ser humano completo no es un macho cabrío ni es Juan el Bautista. Es un ser andrógino, es decir, un ser que posee a la vez la energía correspondiente a los dos sexos, encarnado bajo forma humana, sea hombre, sea mujer, y que mantiene una proporción perfectamente equilibrada entre las energías masculina y femenina; de tal manera que no percibe la realidad sesgada que perciben los hombres corrientes, ni tampoco percibe la realidad sesgada que perciben las mujeres corrientes.

Aunque las dos energías están presentes en hombres y en mujeres, ya que ambos provienen de varón y de hembra, los miles de millones de hombres y de mujeres corrientes que pueblan el planeta, no mantienen dicho equilibrio; viven bajo una perspectiva sesgadada condicionada por el desequilibrio de estas dos energías, regulada por el sexo bajo el que «les ha tocado vivir».

Sólo entienden de lo que ven y de lo que saben. Y ven anormal todo aquello que no comprenden. Se atreven a emitir juicios sobre lo que por propia experiencia desconocen, negando y desafiando la obra del creador. Y criticar una obra es una manera de criticar a su creador.

No entienden que hay cosas que obedecen a propósitos que ellos ignoran. Así que aunque haya cosas que tú no comprendas, te digo yo que todo tiene su por qué.

Espera. Te lo iba a decir hace un rato, pero me he ido por otro lado y tengo que decírtelo antes de que se me pase. Dime cómo se llama el pico más alto de todas esas montañas, en medio de las cuales nos conocimos.

— Mulhacén.

¿Y sabes de dónde viene ese nombre? Pues la palabra Mulhacén proviene de *Mulay Hassán*, antepenúltimo rey de la dinastía nazarí.

Mulay es una palabra de origen árabe que se emplea en el mundo musulmán como distinción; algo así como un título, y que traducida al francés quedaría de este modo: *maître*. ¿Por qué te digo esto? Porque esta palabra en tu idioma, además de maestro, significa maestre. *Mulay* significa Maestre.

Si a un nombre como es Jacques, le añadimos un apellido que procede de una palabra, que dentro del mundo musulmán significa Maestre, ¿qué nombre tenemos?

—Jacques Mulay.

Correcto. *Mulay* es el origen del apellido del último Maestre portador del Secreto, que ha conocido el mundo. Y acabando con él y con los demás, se pretendió erradicar de la faz de la tierra nuestro Conocimiento. Pero antes de ser ejecutados, el Maestre y sus compañeros, cautivos en la torre del homenaje del castillo de Chinon, en Francia, tallaron en la pared de la celda unos dibujos que encerraban algunas de nuestras claves. Te voy a hablar sobre una de ellas, concretamente sobre lo que más llama la atención de lo que se ha dado a conocer como el *Grafiti de Chinon*.

Lo que más destaca sobre todos los dibujos de la pared, es un corazón tallado con sumo cuidado, y rodeado del esplendor de unos rayos radiantes. Este grafiti encierra el pilar central de nuestro Conocimiento.

Su talla es resultado del vaciado de la pared, con bastante profundidad, que, con delicadeza, converge progresivamente hacia un punto interior.

El corazón es un hueco; un corazón vano y vacío rodeado de esplendorosos rayos. He aquí la clave de nuestro Secreto.

Todo caballero custodio del Templo de la *IeruSalam*, la *Casa del Salam*, conoce por propia Experiencia que el *Salam* se esconde en los pechos de las criaturas; en lo más profundo. En el *Seneh*. Por eso el vaciado del corazón en la pared. Es la mejor representación gráfica que pueda hacerse, de la profundidad en la que Mora Eso que el pecho encierra, que es Nada y es Todo, y ni los cielos ni la tierra pueden abarcarlo, sino los corazones de quienes están abiertos. Los *kafirún* no pueden, pues están cerrados por tener el pecho cegado. El acceso a lo que encierra la *Kaaba de Allah* les está vedado.

Pueden proclamarse reyes de la tierra, pueden proclamarse lo que quieran, pueden rodearse de todas las riquezas y de todos los bienes materiales que quieran, pero el acceso a la *Kaaba de Allah* les está vedado. Porque no saben y porque les interesa que nadie sepa, pues mientras haya ignorancia, la supervivencia de su mundo estará asegurada.

¿Qué saben aquellos que lo han encontrado todo hecho, que en su vida no han dado un palo al agua, y que nadan en riquezas abundantes obtenidas de exprimir a quienes las producen?

Aunque te parezca injusto, tú has venido a este mundo bajo las condiciones que pactaste antes de entrar en él, para pasar por las determinadas experiencias que hacen que sepas lo que ahora sabes. Y como habrás podido comprobar, se sufre y se paga con el precio más alto: la vida. Pero ésta es la única manera en que se forja una espada; a fuerza de quemarse y de soportar golpes. Mientras existas en este plano, siempre te estarás forjando y templando. Y de ti depende el someterte o no a ello. Cuando hayas extraído el aprendizaje de lo ocurrido, y sepas por qué te ha pasado lo que te ha pasado, tu vida experimentará un cambio. Percibirás el mundo desde otra óptica. Pasarás de sentirte un desgraciado, a sentirte la persona más afortunada del mundo. Comprenderás que has descubierto algo valioso y desearás compartirlo con todo el mundo, pero descubrirás que nadie va a comprender el idioma en que les hablas. Ellos tienen su camino. No eres más que el loco que contempla cómo los ciegos recrean una y otra vez los frutos de su invidencia, absortos en su propia ceguera, recluídos por propia voluntad en la perspectiva del sufrimiento.

Céntrate en lo que estás haciendo y no te preocupes si no puedes ver más allá, pues la visión del ser humano está limitada como pueda estarlo el vehículo que circula por la noche; sólo puedes ver la parte del camino que tienes ante ti, pues si vieras la totalidad, estarías distraído y no te centrarías en la parte de camino que te toca recorrer ahora mismo.

Nunca olvides esto: las mejores espadas no se forjan a fuerza de caricias, sino a fuerza de forja y de temple. Y tu espada va bien servida de forja y de Temple.

Una vez dicho esto, deseo cambiar de tema y voy a hacerlo ahora mismo, porque aprovechando que estamos en Roma, y ya que te hablé en su día del efecto de la magia sustentada por millones de almas, que por hacer su vida en la pirámide, proyectan un sentimiento hacia eso como algo bueno o algo correcto; en el Islam mediante los cinco angulares, y en el budismo mediante lo que nos han transmitido como postura del loto, lo que se conoce como catolicismo, no es una excepción a este tipo de magia de manipulación de consciencia colectiva, orquestada por quienes dirigen a esos que se llaman a sí mismos la élite. Ya te dije que para ellos las religiones son un filón. De hecho, si no fuera por ellas, estos no tendrían el poder que tienen sobre la humanidad.

Mira, te voy a revelar una cosa que te será de utilidad para hacer un trabajo del que luego te daré más detalles, pero de lo que no podrás hablar absolutamente nada, hasta su momento. Habrás de esperar a que llegue el tiempo en que puedas hacerlo. Lo que de momento sí puedes poner en tu libro, es lo que te voy a decir ahora.

Esta iglesia que tenemos aquí al lado es una basílica. La Basílica de San Lorenzo Extramuros. ¿Y qué es una basílica? Pues la palabra basílica proviene del término griego *basiliké* (βασιλική), que hace referencia a la realeza, y que procede de la expresión *basiliké oikía* (βασιλική οἰκία), que significa casa real.

En la Roma actual, hay sólo cuatro basílicas mayores. Y en el altar papal de cada una de estas cuatro «casas reales», sólo puede consagrar el papa.

Las cuatro basílicas mayores son San Juan de Letrán, antigua sede del Patriarcado de Roma, Santa María la Mayor, antigua sede del Patriarcado de Antioquía, San Pablo Extramuros, antigua sede del Patriarcado de Alejandría, y San Pedro del Vaticano, antigua sede del Patriarcado de Constantinopla.

¿Por qué sólo cuatro basílicas mayores y por qué la utilización de los altares de estas cuatro basílicas está vedada a cualquiera, menos al papa?

Aquí te las traigo marcadas en este mapa. Toma este bolígrafo. Ahora me vas a dibujar el contorno resultante de la unión de estos cuatro puntos que marcan la ubicación de estas cuatro basílicas. ¿Qué obtenemos?

— Pues es un trapecio. Un trapecio isósceles.

¿Y tú te crees que esto es casualidad? ¿Tú crees que es casualidad que San Pedro y San Pablo, estén ubicadas donde están?

Vamos a ir más allá. Ahora prolonga la linea que va de San Pablo Extramuros a San Juan de Letrán, y a continuación prolonga la que va de San Pedro del Vaticano a Santa María la Mayor, hasta que estas dos lineas se corten en un punto, de tal manera que se forme un triángulo equilátero situado sobre la cima del trapecio. ¿Cómo lo ves?

— Pues veo lo mismo que se ve en el billete de un dólar. Sólo falta el ojo dentro del triángulo.

Pues te digo que aunque no lo veas, el ojo está ahí camuflado. Quienes han hecho esto, han sabido cómo disfrazar su obra y mantenerla oculta a ojos de los profanos.

Ahora voy a recortar este pequeño triángulo y lo voy a girar 120 grados en el sentido de las agujas del reloj, para hacer coincidir el antiguo centro del poder papal, que fue la Basílica de San Juan de Letrán, con el punto donde se encuentra la Basílica de Santa María la Mayor. ¿Qué? ¿Cómo queda ahora la imagen?

— Pues ahora sí. Ahora sí que se ve el ojo justo en medio. ¿Qué es este círculo que asemeja un ojo?

Es la Piazza Vittorio Emanuele II. Ahí se camufla el ojo.

— ¿Y por qué hacen esto?

Porque se divierten haciéndolo. Son sus juegos que nadie ve. Ellos lo tienen todo. Lo controlan todo. Están convencidos de que el planeta entero les pertenece.

Sin embargo no codician lo que nosotros tenemos, pues es algo que escapa a la órbita del materialismo y del universo de apariencias bajo el que ellos hacen sus vidas. Lo que pretenden es eliminar a cada uno de los portadores, para así perpetuar su mundo, condenando a la humanidad, otros tantos miles de años más, a andar sumida en la ciénaga de espiritualidad mental, mitológica y materialista en la que tan bien se manejan estos sapos y culebras.

Si el conocimiento del Secreto llega a propagarse, se les acabó el negocio. Perderán la capacidad de pastorear a la humanidad allí donde ellos reinan. Es así de simple. Sin borregos, no hay pastor. Sería el fin del mundo tal y como ellos lo conciben. El fin de su mundo y el comienzo de uno nuevo.

Durante miles de años han perseguido, desprestigiado y destruido a todo portador del Secreto, pues siempre ha supuesto una amenaza para la perpetuación de su mundo.

Así que no te lleves a engaños. Este es el precio por empuñar una espada de doble filo.

Si aireas todo esto, corres el riesgo de que te difamen, que te desprestigien, que traten de hundirte, que pierdas tu trabajo, que te monten un escándalo o que intenten encerrarte empleando pruebas falsas.

Abre bien los ojos y pon esto en el libro: La violencia es la herramienta de quien no le asiste la razón. Quien no convence mediante la razón, emplea la fuerza. Y si te secuestraran, te drogaran o te torturaran para sacarte información, poco podrías decir de mí, porque ¿qué sabes sobre mí? Sólo sabes lo que yo te he contado. Ni siquiera conoces mi verdadero nombre, ni cómo localizarme. Y eso es no saber nada. Nada.

Aquí y ahora, mi verdadero nombre sólo lo sé yo.

A lo más que puedes llegar, es a dar una descripción de mi apariencia física y de este disfraz que llevo puesto.

Así que por ahora, y sobre todo, después de publicar la información que te he pasado, por tu bien, cuanto menos sepas sobre mí, mejor.

— Vale, pero ¿cómo sé yo entonces que lo que me estás contando es cierto?

No lo sabes. Nadie lo sabe. Excepto el que lo sabe. La única manera de saberlo es comprobarlo por uno mismo. Así que si quieres saberlo, muévete. Si no, puedes continuar trece mil años más en el «maravilloso» mundo de la Babilonia del *Rex Mundi*, de los gentiles y de sus creencias mitológicas.

Esto de lo que hablo no se cuenta. Esto se vive en primera persona.

¿Qué prefieres? ¿Hacer historia o que te cuenten historias? Tú mismo.

... y poco antes de que su cuello fuese quebrado,
uno de los gansos me advertía:

«¡Ah miserable entre los forasteros, no tienes ni el más mínimo seso! ... ¡También a ti te anuncio una gran desgracia si tensas el arco, pues no encontrarás afabilidad en nuestro pueblo!».

La Odisea, Canto XXI

GLOSARIO DE TÉRMINOS

Álif: Primera letra del alifato, equivalente a la letra A.

Allah: Realidad Absoluta. Absoluto. El Uno. Lo Único que Existe.

Arkán: Plural de rukn. Ángulos, Angulares, angulosidades, esquinas, rincones.

Ba: Segunda letra del alifato, equivalente a la letra B.

Ba'al: Bel, el Señor.

Bab: Puerta.

Babel: BabBel, la puerta del Señor.

Baphomet: Baptisme-Mahomet.

Bel: Ba'al, el Señor.

Belzebú: el Señor de las moscas.

Bida': innovación peligrosa

Bismil-lâh: con el nombre de Allah.

Brahmán: Absoluto

Brahim: Padre de la multitud. El Creador.

Chakras: del sánscrito ruedas. Centros sutiles del cuerpo.

Cordero: Estado de Mansedumbre inherente a la experimentación del Salam.

Cristo: Mesías, Ungido.

Dáraba: golpear. Hacer el amor.

Dhikr: Recuerdo de Allah. Sensación de la que queda impregnado el pecho, tras estar conscientemente en la Morada.

Din: camino espiritual

Dunya: vida de acá. Vida mundana.

Dzanb: seguimiento; seguir los pasos de; seguir tras algo; seguir el rastro o la huella que otro ha dejado. Error, falta, delito, crimen, o transgresión.

Fitra: Nexo de unión entre el Creador y sus criaturas. Estado Natural de todo lo creado.

Furkhan: Criterio. Discernimiento.

Haqîqa: conocimiento procedente de la experiencia.

Haÿÿ: la meta. Lugar de destino.

Horeb: lugar donde no hay absolutamente nada. Lugar desolado.

Iblis: creación inspirada por el Shaitán, de la que Allah se vale para desviar al ser humano.

Ibrahim: Abraham.

IeruSalam: Casa del Salam.

Ilâh: dios. Aquello que se idolatra o se venera.

Imam: el que va delante.

Insân kâmil: ser humano perfecto. Equilibrio entre energías masculina y femenina. Hombre y mujer, a la vez, en un cuerpo humano.

Iÿtihad: lectura propia del Corán.

Jerusalem: Casa del Salam.

Kaaba: cubo, dado.

Káfara: tapar, cubrir.

Kafir: tapado, sellado, precintado.

Kafirún: plural de kafir. Tapados, sellados, precintados.

Kali yuga: era de la riña, la pelea y la guerra, cuyo regente es Kali, demonio de piel negra, padre del miedo y de la muerte.

Kanâ': verbo hebreo que significa estar sometido o sujeto a algo. También quedar por debajo o humillado.

Kitab: libro.

Kufar: kafirún.

Kundalini: Energía creadora de la iluminación espiritual.

Latif: sutil

Layla: ausencia de luz; de cualquier cosa creada. Estado Inviolable. Noche.

Malakut: universo de los mala'ika. Mundo angélico.
Maqâm: estado espiritual, grado de evolución.
Menorah: candelabro de siete brazos
Mesías: Cristo, Ungido
Mishkán: tabernáculo
Moriah: visión.
Mulay: Maestro, Maestre. Es un título honorífico.
Mu'min: el que se abre a Allah. El que se expone a Allah.
Muslim: musulmán. Sometido a su Rabb.
Oros: elevación de terreno sobre un llano. Colina. Montículo. Monte.
Porni: Puta. Ramera. Meretriz.
Qiyâm: segundo tiempo del salat.
Quibla: orientación. Punto hacia donde se hace Suÿud.
Rabb: quien manda sobre lo que le pertenece, quien lo dirige, amo, dueño, señor.
Rahim: Misericordioso
Rahma: llovizna sutil que recibe la criatura que ha llegado a la meta.
Rahmán: Compasivo
Rásul: mensajero, portador de un mensaje.
Rex Mundi: Satanás. Rey de este mundo material.
Rukn: ángulo, angular, angulosidad, esquina, rincón.
Rukû': tercer tiempo del salat.
Sakina: Paz y Tranquilidad propias de la Presencia en la Morada del Absoluto
Salam: Sosiego. Tranquilidad. Paz. Mansedumbre.
Salat: Contacto.
Sancta Sanctorum: lugar más santo de todos.
Saum: Abstenerse. Renunciar a hacer. Inacción.
Seneh: precipicio, acantilado, zarza, espino.
Shaitán: Satán. El origen del sufrimiento del ser humano.
Shahada: Dar testimonio. Testificar. Atestiguar.
Shakan: morar, residir, habitar.
Shalom: Salam.
Sheikh: anciano, **sabio**, maestro.

Shekhiná: Sakina. Estado que se Experimenta en la Morada o en Presencia del Absoluto.

Shem Shemaforash: El nombre impronunciable.

Sílsila: cadena de transmisión de maestro a discípulo.

Sirat al-Mustakim: canal central, o conducto vertical por el que fluye la *kundalini*.

Sulam: escalera.

Sunna: conducta. Modo de hacer las cosas.

Sunní: practicante de la sunna.

Suÿud: mirar atentamente de manera tranquila. Contemplación. Postración.

Tahara: Descontaminación. Limpieza.

Takbir: primer tiempo del salat.

Tao: llegar

Tashahhud: sexto tiempo del salat.

Taslim: séptimo y último tiempo del salat.

Tawhid: Tao del Wáhid. Llegar al Uno.

Tawwaf: flotar en la Morada. Circunvalar la kaaba de materia.

Umma: comunidad de musulmanes que creó el Profeta Muhammad.

Wáhid: Uno.

Wilâyah: familiaridad con el Absoluto.

Walí: íntimo del Absoluto.

Wu wei: inacción. Saum.

Yehudá: condición espiritual que adquiere todo aquel que reConoce el Absoluto.

Yibril: Gabriel.

Yihad: esfuerzo.

Yulus: asentamiento. Postura de sentado, llevada a cabo en el sexto tiempo del salat.

Zakat: crecer. Expandirse.

Zvuv: Mosca.

R E C O M E N D A M O S

Ediciones Corona Borealis

FRONTERAS DE LA REALIDAD
Rafael Andrés Alemañ

LOS PODERES DE LA MENTE
Alejandro Parra

CONCIENCIA, EL ENIGMA DESVELADO
Caba Serra

LA INTELIGENCIA DEL AMOR
Jorge Lomar

CAMBIA TU VIDA EN 30 DÍAS
CON LA LEY DE ATRACCIÓN
Olivia Reyes

SANADORES
Luisa Alba

AUTODISEÑO PERSONAL
Felix Torán

KEBRA NAGAST
Lorenzo Mazzoni

LOS PADRES QUE LLORAN
EN LA ALMOHADA
Helen Flix

CRISIS ECONÓMICA Y APOCALIPSIS
Gabriel

RECOMENDAMOS